气瓶检验充装质量手册编制指南

张兆杰　杨富顺　编著

黄河水利出版社

内 容 提 要

本书介绍了 2000 版 ISO9000 族标准基本知识、气瓶检验质量手册的编制、气瓶充装质量手册的编制,并在书后附有气瓶检验、充装质量手册范本,以及气瓶检验核准鉴定评审指南、气瓶充装许可鉴定评审指南,可供气瓶检验、充装单位工作人员,气瓶检验、充装管理人员,以及气瓶检验核准、气瓶充装许可资格鉴定评审人员阅读参考。

图书在版编目(CIP)数据

气瓶检验充装质量手册编制指南/张兆杰,杨富顺编著.
郑州:黄河水利出版社,2007.8
ISBN 978 - 7 - 80734 - 242 - 7

Ⅰ.气… Ⅱ.①张…②杨… Ⅲ.气瓶 - 质量检验 - 国际标准 - 手册 Ⅳ.TH49 - 65

中国版本图书馆 CIP 数据核字(2007)第 120417 号

组稿编辑:王路平 电话:0371 - 66022212 E-mail:wlp@yrcp.com

出 版 社:黄河水利出版社
　　　地址:河南省郑州市金水路 11 号 邮政编码:450003
发行单位:黄河水利出版社
　　　发行部电话:0371 - 66026940、66020550、66028024、66022620(传真)
　　　E-mail:hhslcbs@126.com
承印单位:黄河水利委员会印刷厂
开本:787 mm×1 092 mm 1/16
印张:12.75
字数:290 千字 印数:1—2 100
版次:2007 年 8 月第 1 版 印次:2007 年 8 月第 1 次印刷
书号:ISBN 978 - 7 - 80734 - 242 - 7/TH·19 定价:26.00 元

前　言

随着我国社会主义市场经济的深入，我国工业生产发展很快，气体工业也得到较快发展。近几年气瓶检验与充装单位的数量随着气体工业的发展而增加，气瓶发生事故率也有所上升，为遏制气瓶事故的增加，我国政府十分重视安全生产工作，重视气瓶在设计、制造、充装、使用等环节的安全工作。

自2004年以来，国家质量监督检验检疫总局先后颁发了 TSGZ2003—2004《特种设备检验检测机构质量管理体系要求》、TSGR4001—2006《气瓶充装许可规则》这两个技术规范，对气瓶检验、充装单位进一步强化检验与充装工作及正规化建设起到了推动作用，是规范检验与充装单位行为的重要技术规范，认真执行这两个技术规范，对降低气瓶恶性事故的发生，保证国家财产不受损失，保障人民生命的安全，有着十分重要的意义。

笔者近几年参加了一些气瓶检验与气瓶充装单位现场鉴定评审工作，在现场评审中，发现部分检验与充装单位在执行两个技术规范过程中，特别是在质量管理体系建立与实施方面，在《质量管理手册》编制方面仍存在很多问题与不足，有的气瓶检验、充装单位，不知如何下手编制质量管理手册，不知怎样编制才能够符合两个技术规范的要求，有的同仁建议笔者编写个指南，专门讲一讲质量管理手册编制的问题。

笔者利用半年多时间编写了《气瓶检验充装质量手册编制指南》（以下简称《指南》），仅是对两个技术规范的理解尝试，并不是气瓶检验与充装单位质量管理手册编制的唯一样板模式，《指南》中的附录1、附录2仅供参考，笔者对两个技术规范文件在理解上肯定有不到位的地方，在整个编制质量管理手册写法上，不一定是最佳策划，尽管如此，还是把《指南》拿出来供气瓶检验、充装单位的同仁在编制质量管理手册时借鉴。

在编写本《指南》过程中，得到了新乡市云达气业有限责任公司负世韬、许昌县电力制氧厂张建中、河南省质量技术监督局张新建诸位领导、专家的大力支持，在此深表谢意。

由于笔者水平有限，诚恳希望同仁批评指正，以便修订完善。

作　者

2007年7月

目　录

第一章 2000版ISO9000族标准基本知识

第一节 国际标准化组织(ISO)

一、什么是国际标准化组织

国际标准化组织(International Organization for Standardization,简称 ISO),是一个全球性的非政府组织,是国际标准化领域中一个十分重要的组织。ISO 的任务是促进全球范围内的标准化及其有关活动,以利于国际间产品与服务的交流,以及在知识、科学、技术和经济活动中发展国际间的相互合作。它显示了强大的生命力,吸引了越来越多的国家参与其活动。

二、ISO 的由来

国际标准化活动最早开始于电子领域,于 1906 年成立了世界上最早的国际标准化机构——国际电工委员会(IEC)。其他技术领域的工作原先由成立于 1926 年的国家标准化协会的国际联盟(International Federation of the National Standardizing Associations,简称 ISA)承担,重点在于机械工程方面。ISA 的工作由于第二次世界大战在 1942 年终止。1946 年,来自 25 个国家的代表在伦敦召开会议,决定成立一个新的国际组织,其目的是促进国际间的合作和工业标准的统一。于是,ISO 这一新组织于 1947 年 2 月 23 日正式成立,总部设在瑞士的日内瓦。ISO 于 1951 年发布了第一个标准——工业长度测量用标准参考温度。

许多人注意到国际标准化组织(International Organization for Standardization)的全名与缩写之间存在差异,为什么不是"IOS"呢? 其实,"ISO"并不是首字母缩写,而是一个词,它来源于希腊语,意为"相等",现在有一系列用它作前缀的词,诸如"isometric"(意为"尺寸相等")、"isonomy"(意为"法律平等")。从"相等"到"标准",内涵上的联系使"ISO"成为组织的名称。

三、ISO 的组织结构

其组织机构包括全体大会、主要官员、成员团体、通信成员、捐助成员、政策发展委员会、理事会、ISO 中央秘书处、特别咨询组、技术管理局、标样委员会、技术咨询组、技术委员会等。

第二节　2000 版 ISO9000 族标准

一、什么是 ISO9000

ISO9000 不是指一个标准,而是一族标准的统称。"ISO9000 族标准"指由 ISO/TC176 制定的所有国际标准。TC176 即 ISO 中第 176 个技术委员会,全称是"质量保证技术委员会",1987 年更名为"质量管理和质量保证技术委员会"。TC176 专门负责制定质量管理和质量保证技术的标准。

ISO/TC176 早在 1990 年第 9 届年会上提出的《90 年代国际质量标准的实施策略》中,即确定了一个宏伟的目标:"要让全世界都接受和使用 ISO9000 族标准,为提高组织的运作能力提供有效的方法;增进国际贸易,促进全球的繁荣和发展;使任何机构和个人,可以有信心从世界各地得到任何期望的产品,以及将自己的产品顺利销往世界各地。"

为此,ISO/TC176 决定按上述目标,对 1987 版的 ISO9000 族标准分两个阶段进行修改:第一阶段在 1994 年完成,第二阶段在 2000 年完成。

(一)1994 版 ISO9000 标准

1994 版 ISO9000 标准已被采用多年,其中如下三个质量保证标准之一通常被用来作为外部认证之用:

(1)ISO9001:1994《质量体系 设计、开发、生产、安装和服务的质量保证模式》,用于自身具有产品开发、设计功能的组织;

(2)ISO9002:1994《质量体系 生产、安装和服务的质量保证模式》,用于自身不具有产品开发、设计功能的组织;

(3)ISO9003:1994《质量体系 最终检验和试验的质量保证模式》,用于对质量保证能力要求相对较低的组织。

注:ISO9001:1994 标准将质量体系划分为 20 个要素(即标准中的"质量体系要求")来进行描述,ISO9002 标准比 ISO9001 标准少一个"设计控制"要素。

(二)2000 版 ISO9000 标准

2000 年 12 月 15 日,2000 版的 ISO9000 族标准正式发布实施,2000 版 ISO9000 族国际标准的核心标准共有四个:

(1)ISO9000:2000《质量管理体系——基础和术语》;

(2)ISO9001:2000《质量管理体系——要求》;

(3)ISO9004:2000《质量管理体系——业绩改进指南》;

(4)ISO19011:2000《质量和环境管理体系审核指南》。

上述标准中的 ISO9001:2000《质量管理体系——要求》通常用于企业建立质量管理体系并申请认证之用。它主要通过对申请认证组织的质量管理体系提出各项要求来规范组织的质量管理体系。主要分为五大模块的要求,这五大模块分别是:质量管理体系、管理职责、资源管理、产品实现、测量分析和改进。其中每个模块中又分有许多分条款。随着 2000 版标准的颁布,世界各国的企业纷纷开始采用新版的 ISO9001:2000 标准申请认证。国际标准化组织鼓励各行各业的组织采用 ISO9001:2000 标准来规范组织的质量管理,并通过外部认证来达到增强客户信心和减少贸易壁垒的作用。

二、实施 ISO9000 标准的意义

ISO9000 标准诞生于市场经济环境,总结了经济发达国家企业的先进管理经验,为广大企业完善管理、提高产品及服务质量提供了科学的指南,同时为企业走向国际市场找到了共同语言。

ISO9000 系列标准明确了市场经济条件下顾客对企业共同的基本要求。企业通过贯彻这一系列标准,实施质量体系认证,证实其能力满足顾客的要求,提供合格的产品及服务。这对规范企业的市场行为,保护消费者的合法权益发挥了积极的作用。

ISO9000 系列标准是经济发达国家企业科学管理经验的总结,通过贯标与认证,企业能够找到一条加快经营机制转换、强化技术基础与完善内部管理的有效途径,主要体现在以下几方面。

(一)企业的市场意识与质量意识得到增强

通过贯标与认证,引导企业树立"以满足顾客要求为经营宗旨,以产品及服务质量为本,以竞争手段,向市场要效益"的经营理念。

(二)稳定和提高产品及服务质量

通过贯标与认证,企业对影响产品及服务的各种因素与各个环节进行持续有效的控制,稳定和提高产品及服务质量。

(三)提高整体的管理水平

通过贯标与认证,使企业全体员工的质量意识与管理意识得到增强;促使企业的管理工作由"人治"转向"法制",明确了各项管理职责和工作程序,各项工作有章可循,使领导从日常事物中脱身,可以集中精力抓重点工作;通过内部审核与管理评审,及时发现问题,加以改进,使企业建立自我完善与自我改进的机制。

(四)增强市场竞争能力

通过贯标与认证,企业一方面向市场证实自身有能力满足顾客的要求,提供合格的产品及服务,另一方面产品及服务的质量也确实能够得到稳定与提高,这都增强了企业的市场竞争能力。

(五)为实施全面的科学管理奠定基础

通过贯标与认证,员工的管理素质得到提高,企业规范管理的意识得到增强,并建立起自我发现问题、自我改进、自我完善的机制,为企业实施全面的科学管理(例如财务、行政、营销管理等)奠定基础。

ISO9000 系列标准是由国际标准化组织(ISO)发布的国际标准,是百年工业化进程中质量管理经验的科学总结,已被世界各国广泛采用和认同。由第三方独立且公正的认证机构对企业实施质量体系认证,可以有效避免不同顾客对企业能力的重复评定,减轻了企业的负担,提高了经济贸易的效率,同时国内的企业贯彻 ISO9000 标准,按照国际通行的原则和方式来经营与管理企业,这有助于树立国内企业"按规则办事,尤其是按国际规则办事"的形象,符合我国加入 WTO 的基本原则,为企业对外经济与技术合作的顺利进行,

营造一个良好的环境。

三、什么是八项质量管理原则

八项质量管理原则是在总结质量管理实践经验的基础上用高度概况的语言所表述的最基本的一般规律,可以指一个组织在一个长时期内通过关注顾客及其相关方的要求和期望达到改进其总体业绩的目的,它可以成为组织文化的一个重要组成部分。

(一)八项质量管理原则产生的背景

早在 1995 年,ISO/TC176 策划 2000 版 ISO9000 族标准时,就准备为组织的管理者编制一套质量管理文件,其中最重要的内容就是质量管理原则。为此,在 ISO/TC176/SC$_2$ 下专门成立了一个工作组(WG15),承担征集世界上最受尊敬的一批质量管理专家的意见,并在此基础上编写了 ISO/CD$_1$9004—8《质量管理原则及其应用》。此文件在 1996年 ISO/TC176 的特拉维夫年会上征求意见,得到普遍的赞同,WG15 为了确保此文件的权威性和广泛一致性,又在 1997 年的哥本哈根年会上对八项质量管理原则的正文(不包括应用指南)举行投票。在 36 个国家的投票中有 32 个赞成,4 个反对。但反对意见不是不同意这八项质量管理原则,而是认为文件不像技术报告的格式,这表明八项质量管理原则实际上是得到了全体投票国的赞成。

(二)八项质量管理原则的作用

八项质量原则在目前至少有三方面的作用:

(1)指导 ISO/TC176 编制 2000 版 ISO9000 族国际新标准和相关文件;

(2)指导组织的管理者建立、实施、改进本组织的质量管理体系;

(3)指导质量工作者、资询师、审核员学习、理解和掌握 2000 版 GB/T19000 族标准。

(三)八项质量管理原则具体内容

原则一:以顾客为关注焦点

组织依存于其顾客。因此,组织应理解顾客当前的和未来的需求,满足顾客要求并争取超越顾客期望。

理解要点:顾客是每个组织存在的基础,组织应把顾客的要求放在第一位。因此,组织要明确谁是自己的顾客,要调查顾客的需求是什么,要研究怎么满足顾客的需求,ISO 9000:2000 的 3.3.5"顾客"的定义是"接受产品的组织或个人"。这说明顾客既指组织外部的消费者、最终使用者、受益者和采购方,也指组织内部的生产、服务和活动中接受前一个过程输出的部门、岗位或个人。同时,还可以注意到有潜在的顾客,随着经济的发展、供应链日趋复杂,除了组织直接面对的顾客(可能是中间商)外,还有顾客的顾客、顾客的顾客的顾客,直至最终使用者,最终的顾客是使用产品的群体,对产品质量感受最深,他们的期望和需求,对于组织也最有意义,对潜在顾客也不忽视,虽然他们对产品的购买欲望暂时还没有成为现实,但是如果条件成熟,他们就会成为组织的一大批现实的顾客。还要认识到市场是变化的,顾客是动态的,顾客的需求和期望也是不断发展的。因此,组织要及时地调整自己的经营策略和采取必要的措施,以适应市场的变化,满足顾客不断发展的需求和期望,还应超越顾客的需求和期望,使自己的产品及服务处于领先的地位。

原则二:领导作用

领导者建立统一的宗旨及方向。他们应当创造并保持使员工能充分参与实现组织目标的内部环境。

理解要点:一个组织的领导者,即最高管理者是"在最高层指挥和控制组织的一个人或一组人"(GB/T19000—2000 的 3.2.7)。最高管理者要想指挥好和控制好一个组织,必须做好确定方向、策划未来、激励员工、协调活动和营造一个良好的内部环境等工作。最高管理者的领导作用、承诺和积极参与,对建立并保持一个有效的和高效的质量管理体系,并使所有相关方获益是不可少的。此外,在领导方式上,最高管理者还要做到透明、务实和以身作则。

原则三:全员参与

各级人员是组织之本,只有他们的充分参与,才能使他们的才干为组织带来利益。

理解要点:全体员工是每个组织的基础,组织的质量管理不仅需要最高管理者的正确领导和敬业精神的教育,还要激发他们的积极性和责任感。员工还应具备足够的知识、技能和经验,才能胜任工作,实现充分参与。

原则四:过程方法

将活动和相关的资源作为过程进行管理,可以更高效地得到期望的结果。

理解要点:任何利用资源并通过管理,将输入转化为输出的活动,均可视为过程。系统地识别和管理组织所应用的过程,特别是这些过程之间的相互作用,就是"过程方法"。过程方法的目的是获得持续改进的动态循环,并使组织的总体业绩得到显著提高,过程方法通过识别组织内的关键过程,随后加以实施和管理并不断进行改进来达到顾客满意。

过程方法鼓励组织要对其所有的过程有一个清晰的理解。过程包含一个或多个将输入转化为输出的过程网络。这些过程的输入和输出与内部和外部的顾客相连。在应用过程方法时,必须对每个过程,特别是关键过程的要素进行识别和管理。这些要素包括输入、输出、活动、资源、管理和支持性过程。此外,PDCA 循环适用于所有过程,可结合考虑。

原则五:管理的系统方法

将相互关联的过程作为系统加以识别、理解和管理,有助于组织提高实现目标的有效性和效率。

理解要点:所谓系统,就是"相互关联或相互作用的一组要素"。早在 20 世纪 30 年代,美籍奥地利理论生物学家冯·贝塔朗菲首次提出"相互作用的诸要素的综合体就是系统"的概念。20 世纪 60 年代系统论兴起,我国著名科学家钱学森曾说:"把极其复杂的研究对象称为系统,即相互作用和相互依赖的若干组成部分结合成具有特定功能的有机整体,而且这个系统本身又是它所从属的更大系统的组成部分"。系统的特点之一就是通过各分系统协同作用,互相促进,使总体的作用往往大于各分系统作用之和。

所谓系统方法,实际上可包括系统分析,系统工程和系统管理三大环节。它以系统地分析有关的数据、资料或客观事实开始,确定要达到的优化目标;然后通过系统工程,设计或策划为达到目标而应采取的各项措施和步骤,以及应配置的资源,形成一个完整的方案;最后在实施中通过系统管理而取得高有效性和高效率。

在质量管理中采用系统方法,就是要把质量管理体系作为一个大系统,对组成质量管理体系的各个过程加以识别、理解和管理,以达到实现质量方针和质量目标。

系统方法和过程方法关系非常密切。它们都以过程为基础,都要求对各个过程之间的相互作用进行识别和管理,但前者着眼于整个系统和实现总目标,使得组织所策划的过程之间相互协调和相容。

后者着眼于具体过程,对其输入、输出和相互关联和相互作用的活动进行连续的控制,以实现每个过程的预期结果。

原则六:持续改进
持续改进整体业绩应当是组织的一个永恒目标。

理解要点:持续改进是"增强满足要求的能力的循环活动",为了改进组织的整体业绩,组织应不断改进其产品质量,提高质量管理体系及过程的有效性和效率,以满足顾客及其他相关方日益增长和不断变化的需求与期望。只有坚持持续改进,组织才能不断进步。最高管理者要对持续改进作出承诺,积极推动;全体员工也要积极参与持续改进的活动。持续改进是永无止境的,因此持续改进应成为每个组织的永恒的追求、永恒的目标、永恒的活动。

原则七:基于事实的决策方法
有效决策是建立在数据和信息分析的基础上。

理解要点:决策是组织中各级领导的职责之一,所谓决策就是针对预定目标,在一定约束条件下,从诸方案中选出最佳的一个付诸实施。达不到目标的决策就是失策,正确的决策需要领导者用科学的态度,以事实或正确的信息为基础,通过合乎逻辑的分析,作出正确的决策。盲目的决策或只凭个人的主观意愿的决策是绝对不可取的。

原则八:与供方互利的关系
组织与供方是相互依存的、互利的关系,可增强双方创造价值的能力。

理解要点:供方向组织提供的产品将对组织向顾客提供的产品产生重要的影响,因此处理好与供方的关系,影响到组织能否持续稳定地提供顾客满意产品。在专业化和协作日益发展、供应链日趋复杂的今天,与供方的关系还影响到组织对市场的快速反应能力。因此,对供方不能只讲控制,不讲合作互利,特别对关键供方,更要建立互利关系,这对组织和供方双方都是有利的。

第三节　术语和定义

一、有关质量的术语

(一)质量
一组固有特性满足要求的程度。

注1:术词"质量"可使用形容词如差、好或优秀来修饰。

注2:"固有的"(其反义是"赋予的")就是指在某事或某物中本来就有的,尤其是那种永久的特性。

(二)要求
明示的、通常隐含的必须履行的需求或期望。

注1:"通常隐含"是指组织、顾客和其他相关方的惯例或一般做法,所考虑的需求或期望是不言而喻的。

注2:特定要求可使用修饰词表示,如产品要求、质量管理要求、顾客要求。

注3:规定要求是经明示的要求,如在文件中阐明。

注4:要求可由不同的相关方提出。

(三)等级
对功能用途相同,但质量要求不同的产品、过程或体系所做的分类或分级。

示例:飞机的舱级和宾馆的等级分类。

注:在确定质量要求时,等级通常是规定的。

(四)顾客满意
顾客对其要求已被满足的程度的感受。

注1:顾客抱怨是一种满意程度低的最常见的表达方式,但没有抱怨并不一定表示顾客很满意。

注2:既使规定的顾客要求符合顾客的愿望并得到满足,也不一定确保顾客满意。

(五)能力
组织、体系或过程实现产品并使其满足要求的本领。

二、有关管理的术语

(一)体系(系统)
相互关联或相互作用的一组要素。

(二)管理体系
建立方针和目标并实现这些目标的体系。

注:一个组织的管理体系可包括若干个不同的管理体系,如质量管理体系、财务管理体系或环境管理体系。

(三)质量管理体系
在质量方面指挥和控制组织的管理体系。

(四)质量方针

由组织的最高管理者正式发布的该组织总的宗旨和方向。

注1:通常质量方针与组织总方针相一致并为规定质量目标提供框架。

注2:本标准中提出的质量管理原则可以作为制定质量方针的基础。

(五)质量目标

在质量方面所追求的目的。

注1:质量目标通常依据组织的质量方针制定。

注2:通常对组织的相关职能和层次分别规定质量目标。

(六)管理

指挥和控制组织的协调的活动。

(七)最高管理者

在最高层指挥和控制组织的一个人或一组人。

(八)质量管理

在质量方面指挥和控制组织的协调的活动。

注:在质量方面的指挥和控制活动,通常包括制定质量方针和质量目标以及质量策划、质量控制、质量保证和质量改进。

(九)质量策划

质量管理的一部分,致力于制定质量目标并规定必要的运行过程和相关资源以实现质量目标。

(十)质量控制

质量管理的一部分,致力于提供质量要求会得到满足的信任。

(十一)质量改进

质量管理的一部分,致力于增强满足质量要求的能力。

注:要求可以是有关任何方面的,如有效性、效率或可追溯性。

(十二)质量保证

质量管理的一部分,致力于提供质量要求会得到满足信任。

(十三)持续改进

增强满足要求的能力的循环活动。

注:制定改进目标和寻求改进机会的过程,是一个持续过程,该过程使用审核发现和审核结论、数据分析、管理评审或其他方法,其结果通常导致纠正措施或预防措施。

(十四)有效性

完成策划的活动和达到策划结果的程度。

(十五)效率

达到的结果与所使用的资源之间的关系。

三、有关组织的术语

(一)组织

职责、权限和相互关系得到安排的一组人员及设施。

示例：公司、集团、商行、企事业单位、研究机构、慈善机构、代理商、社团或上述组织的部分或组合。

注1：安排通常是有序的。

注2：组织可以是公有的或私有的。

注3：本定义适用于质量管理体系标准。术语"组织"在 ISO/IEC 指南 2 中有不同的定义。

（二）组织结构

人员的职责、权限和相互关系的安排。

注1：安排通常是有序的。

注2：组织结构的正式表述通常在质量手册或项目的质量计划中提供。

注3：组织结构的范围可包括有关与外部组织的接口。

（三）基础设施

组织运行所必需的设施、设备和服务的体系。

（四）工作环境

工作时所处的一组条件。

注：条件包括物理的、社会的、心理的和环境的因素（如温度、承认方式、人体工效和大气成分）。

（五）顾客

接受产品的组织或个人。

示例：消费者、委托人、最终使用者、零售商、受益者和采购方。

注：顾客可以是组织内部的或外部的。

（六）供方

提供产品的组织或个人。

示例：制造商、批发商、产品的零售商或商贩、服务或信息的提供方。

注1：供方可以是组织内部或外部的。

注2：在合同情况下供方有时称为"承包方"。

（七）相关方

与组织的业绩或成就有利益关系的个人或团体。

示例：顾客、所有者、员工、供方、银行、工会、合作伙伴或社会。

注：一个团体可由一个组织或其一部分或多个组织构成。

四、有关过程和产品的术语

（一）过程

一组将输入转化为输出的相互关联或相互作用的活动。

注1：一个过程的输入通常是其他过程的输出。

注2：组织为了增值通常对过程进行策划并使其在受控条件下运行。

注3：对形成的产品是否合格不易或不能经济地进行验证的过程，通常称之为"特殊过程"。

(二)产品

过程的结果。

注1:有下述四种通用的产品类别:

——服务(如运输);

——软件(如计算机程序、字典);

——硬件(如发动机机械零件);

——流程性材料(如润滑油)。

(三)项目

由一组有起止日期的、相互协调的受控活动组成的独特过程,该过程要达到符合包括时间、成本和资源的约束条件在内的规定要求的目标。

注1:单个项目可作为一个较大项目结构中的组成部分。

注2:在一些项目中,随着项目的进展,其目标需修订或重新界定,产品特性需逐步确定。

注3:项目的结果可以是单一或若干个产品。

(四)程序

为进行某项活动或过程所规定的途径。

注1:程序可以形成文件,也可以不形成文件。

注2:当程序形成文件时,通常称为"书面程序"或"形成文件的程序"。含有程序的文件可称为"程序文件"。

五、有关特性的术语

(一)特性

可区分的特征。

注1:特性可以是固有的或赋予的。

注2:特性可以是定性的或定量的。

注3:有各种类别的特性,如:

——物理的(如机械的、电的、化学的或生物学的特性);

——感官的(如嗅觉、触觉、味觉、视觉、听觉);

——行为的(如礼貌、诚实、正直);

——时间的(如准时性、可靠性、可用性);

——人体工效的(如生理的特性或有关人身安全的特性);

——功能的(如飞机的最高速度)。

(二)质量特性

产品过程或体系与要求有关的固有特性。

注1:"固有的"就是指在某事或某物中本来就有的,尤其是那种永久的特性。

注2:赋予产品、过程或体系的特性(如产品的价格,产品的所有者)不是它们的质量特性。

(三)可追溯性

追溯所考虑对象的历史、应用情况或所处场所的能力。

注1:当考虑产品时,可追溯性可涉及到:

——原材料和零部件的来源;

——加工过程的历史;

——产品交付后的分布和场所。

六、有关合格(符合)的术语

(一)合格(符合)

满足要求。

(二)不合格(不符合)

未满足要求。

(三)缺陷

未满足与预期或规定用途有关的要求。

注1:区分缺陷与不合格的概念是重要的,这是因为其中有法律内涵,特别是与产品责任问题有关。因此,术语"缺陷"应慎用。

注2:顾客希望的预期用途可能受供方信息的内容的影响,如所提供的操作或维护说明。

(四)预防措施

为消除潜在不合格或其他潜在不期望情况的原因所采取的措施。

注1:一个不合格可以有若干个原因。

注2:采取预防措施是为了防止发生,而采取纠正措施是为了防止再发生。

(五)纠正措施

为消除已发现的不合格或其他不期望情况的原因所采取的措施。

注1:一个不合格可以有若干个原因。

注2:采取纠正措施是为了防止再发生,而采取预防措施是为了防止发生。

注3:纠正和纠正措施是有区别的。

(六)纠正

为消除已发现的不合格所采取的措施。

注1:纠正可连同纠正措施一起实施。

注2:返工或降级可作为纠正的示例。

(七)返工

为使不合格产品符合要求而对其所采取的措施。

注:返工与返修不同,返修可影响或改变不合格产品的某些部分。

(八)返修

为使不合格产品满足预期用途而对其所采取的措施。

注1:返修包括对以前是合格的产品,为重新使用所采取的措施,如作为维修的一部分。

注 2:返修与返工不同,返修可影响或改变不合格产品的某些部分。

(九)报废

为避免不合格产品原有的预期用途而对其所采取措施。

示例:回收、销毁。

七、有关文件的术语

(一)信息

有意义的数据。

(二)文件

信息及其承载媒体。

示例:记录、规范、程序文件、图样、报告、标准。

注:媒体可以是纸张、计算机磁盘、光盘或其他电子媒体、照片或标准样品,或它们的组合。

(三)规范

阐明要求。

注:规范可能与活动有关(如程序文件、过程规范和试验规范)或与产品有关(如产品规范、性能规范和图样)。

(四)质量手册

规定组织质量管理体系的文件。

注:为了适应组织的规模和复杂程度,质量手册在其详略程度和编排格式方面可以不同。

(五)记录

阐明所取得的结果或提供所完成活动的证据的文件。

注 1:记录可用于为可追溯性提供文件,并提供验证、预防措施和纠正措施的证据。

注 2:通常记录不需要控制版本。

八、有关检查的术语

(一)客观证据

支持事物存在或其真实性的数据。

注:客观证据可通过观察、测量、试验或其他手段获得。

(二)检验

通过观察和判断,适当时结合测量、试验所进行的符合评价。

(三)验证

通过提供客观证据,对规定要求已得到满足的认定。

注 1:"已验证"一词用于表示相应的状态。

注 2:认定可包括下述活动,如:

——变换方法进行计算;

——将新设计规范与已证实的类似设计、规范进行比较;

——进行试验和演习;

——文件发布前的评审。

(四)确认

通过提供客观证据对特定的预期用途或应用要求已得到满足的认定。

注1:"已确认"一词用于表示相应的状态。

注2:确认所用的条件可以是实际的或是模拟的。

(五)评审

为确定主题事项达到规定目标的适宜性、充分性和有效性所进行的活动。

注:评审也可包括确定效率。

示例:管理评审、设计和开发评审、顾客要求评审和不合格评审。

九、有关审核的术语

(一)审核

为获得审核证据并对其进行客观的评价,以确定满足审核准则的程度所进行的系统的、独立的并形成文件的过程。

注:内部审核,有时称第一方审核,用于内部目的,由组织自己或以组织的名义进行,可作为组织自我合格声明基础。

第二方审核由组织的相关方(如顾客)或由其他人员以相关方的名义进行。

第三方审核由外部独立地进行。

当质量和环境管理体系被一起审核时,这种情况称为"一体化审核"。

当两个或两个以上审核机构合作,共同审核同一个受审方,这种情况称为"联合审核"。

(二)审核方案

针对特定时间段所策划,并具有特定目的的一组(一次或多次)审核。

(三)审核准则

用作依据的一组方针、程序或要求。

(四)审核证据

与审核准则有关的并且能够证实的记录、事实陈述或其他信息。

注:审核证据可以是定性的或定量的。

(五)审核发现

将收集到的审核证据对照审核准则进行评价的结果。

注:审核发现能表明是否符合审核准则,也能指出改进的机会。

(六)审核结论

审核组考虑了审核目标和所有审核发现后得出的最终审核结果。

(七)审核委托方

要求审核的组织或人员。

(八)受审核方

被审核的组织。

(九)审核员

有能力实施审核的人员。

(十)审核组

实施审核的一名或多名审核员。

注:通常任命审核组中的一名审核员为审核组长。

(十一)能力

经证实的应用知识和技能的本领。

第二章 气瓶检验质量手册的编制

第一节 编制气瓶检验质量手册的原则和要求

一、质量管理体系文件编制的基本原则

根据《特种设备检验检测机构质量管理体系要求》，结合本单位的实际，按照特种设备检验检测质量和安全管理技术的要求，参照 GB/T19000—2000 系列标准选择适合本单位的质量体系模式。检验检测单位质量管理体系的质量管理应由最高管理者(站长或经理)领导，并由最高管理者授权的管理者代表(技术负责人兼)负责建立、实施和保持质量体系。最高管理者应任命适当的责任人员协助管理者代表进行气瓶检验检测的质量控制和重点过程的质量控制。气瓶检验检测单位必须编制质量手册、质量体系程序文件和管理制度、作业指导书、表卡、报告等质量体系文件，规定质量体系相关人员的职责和权限。

二、质量手册编制的总要求

质量手册至少应当包括以下内容：
(1)质量管理体系的适用范围；
(2)检验检测机构基本情况概述；
(3)检验检测范围；
(4)检验检测机构对国家质量监督检验检疫总局、地方质量技术监督部门(以下简称政府质监部门)和客户的义务与服务的承诺；
(5)组织机构图；
(6)技术负责人、质量负责人以及对检验检测质量有影响的相关人员的职责和权限；
(7)质量管理体系中各质量要素的原则性描述及其之间相互关系的描述；
(8)引用的程序文件。

质量手册应说明气瓶检验检测质量管理体系所覆盖的过程及其应开展的活动，以及每个活动需要控制的程序。特别是对质量管理体系有效运行起着重要作用的过程，如管理评审、内部审核、纠正与预防措施、顾客要求、材料控制、工艺过程控制、试验和检验、测量和校准等，均应作出明确的规定。同时，质量手册还应对编制依据、适用范围、企业概况、组织机构、管理职责和资源等作出必要的说明。

在质量体系要求描述的方法上，要规定出企业如何应用、完成和控制所选定的每一个过程。使该项质量职能真正落实。因此，应按照该体系要求实施时的工作流程，逐一列出主要的质量活动，并把活动的责任落实到具体部门和责任人员，明确其相互关系，提出对活动的要求。至于这些质量活动具体实施时要执行的更详细的程序文件(管理标准、制度

等)可在手册中引用这些文件的名称或编号,而不展开描述。

第二节　质量手册的结构和内容

根据特种设备检验检测机构质量管理体系要求和质量手册内容的基本要求,气瓶检验检测质量手册的一般结构和内容应包括以下要求:

(1)封面:应有质量手册标题、版本号、修改码、企业名称、文件编号、受控状态编制人、审核人、批准人、发布日期和实施日期。

(2)批准页:由最高管理者签发的质量手册批准发布实施的文字说明,是企业最高管理者(站长或经理)批准实施质量手册的指令,明确质量手册的法规性地位和作用,表明执行质量手册各项规定的态度并提出措施,保证全体员工都能理解并必须认真贯彻执行质量手册的要求。同时授权管理者代表负责质量管理体系的保持和运行,并对质量手册的实施负责。该批准页应有最高管理者的亲笔签字。

(3)以正式文件颁布的公司质量方针、质量目标,并由经理鉴署发布。

质量方针:质量方针应是全局性、战略性的,是企业宗旨与方向。全体员工须认真理解其内涵。

质量目标:质量目标是质量方针具体化的展开,企业的质量目标应与企业质量方针相一致,在同行业中具有竞争力,并且必须能够兑现。质量目标应尽可能定量化,以便于测评。

(4)企业概况:描述企业基本信息,包括名称、地点、电话、传真等,并以简练的文字说明企业性质、规模、生产能力(包括人员素质、持证情况和设备情况等)、主要检验范围、质量管理体系的建立、质量手册的编制等情况。

(5)手册说明:说明手册是根据《特种设备检验检测机构质量管理体系要求》的规定,按照气瓶检验质量和安全技术管理的要求,参照国家标准《质量管理体系要求》(GB/T 19001—2000)进行编制的。应明确规定使用手册的组织范围和使用方法,规定手册的编制、审查、批准、发放、使用、实施以及手册更改的提出、修改、审批、换版、回收等管理内容。此外,还应注明现行版本质量手册的编写、审核、批准人及发布日期,以确保每本手册现行有效。

第三节　质量手册正文

一、适用范围

(1)总则,明确手册编制的目的、依据及气瓶检验活动符合法律、规范以及政府和客户的要求。

(2)明确质量手册与企业所从事的气瓶检验的类型相适应,即国家质检总局核准的气瓶类型相应品种气瓶的检验。

二、质量手册编制依据的法律、法规、规章和技术规范、标准

(1)国务院[2003]第 373 号令《特种设备安全监察条例》；
(2)《特种设备检验检测机构管理规定》(TSG2002—2004)；
(3)《特种设备检验检测机构质量管理体系要求》(TSG2003—2004)；
(4)国家质监总局第 46 号令《气瓶安全监察规定》；
(5)2000 版《气瓶安全监察规程》。

三、术语和定义

本手册采用 TSG2003—2004《特种设备检验检测机构质量管理体系要求》(以下简 T19000《质量管理体系基础和术语》给出的术语和定义,具体使用现有的通用的概念、术语和定义。

(一)最高管理者
指从事气瓶检验公司的站长或经理。

(二)管理者代表
指最高管理者委托负责质量管理体系全面工作的负责人。

(三)客户
指用户,即公司服务的对象。

(四)分供方
指气瓶检验用相关材料、设备、仪器、工器具等的供应方。

(五)特种设备
是指涉及生命和财产安全、危险性较大的锅炉、压力容器(含气瓶)等。

(六)特种设备检验检测
是指对特种设备产品、部件制造过程进行的监督检验和对在用特种设备进行的定期检验等。

(七)法定检验
是指按照国家法规和安全技术规范对特种设备强制进行的监督检验、定期检验和型式试验。

(八)特种设备检验检测机构
是指从事特种设备检验检测的机构(以下简称检验检测机构),包括综合检验机构、型式试验机构、无损检测机构和气瓶检验机构。

(九)分包
是指将特种设备检验检测工作中的无损检测等专项检验检测项目委托其他机构承担。

四、质量管理体系

(一)对质量管理体系的总要求
(1)《特种设备检验检测机构核准规则》和《气瓶定期检验站技术条件》对应设的体系人员及其资格规定如下:①检验站负责人,应是专业技术人员,有较强的管理水平和组织

领导能力,熟悉气瓶检验的相关法律、法规和检验业务。②技术负责人,应取得气瓶检验员证书或压力容器检验师资格,并有相关专业工程师职称。③质量负责人,有相关专业助理工程师或者相关项目检验员以上资格,从事气瓶行业相关工作 5 年以上,熟悉质量管理工作,具有岗位需要的业务水平和组织能力。④气瓶检验员,应有持气瓶检验员证的检验员不少于 2 名。

(2)公司对质量管理体系所需要的过程进行识别,并编制相应的程序文件。

(3)明确对过程的控制方法及过程之间相互顺序关系,通过识别、确定监控、测量、分析等进行持续的改进对过程进行管理,对过程进行管理的目的是实施质量管理体系,实现公司的质量方针和质量目标。

(4)质量管理体系应当文件化,并且达到确保检验检测质量和检验检测过程安全所需要的程度,体系文件应当传达至有关人员,并且被其获取、理解和执行。

(5)检验检测机构应当描述内部组织的职责和隶属关系,如果检验检测机构为母体组织的一部分,还应当描述检验检测机构在其母体组织中的地位和在质量管理、检验、检测过程控制以及支持服务方面与其母体组织的关系。

(6)质量管理体系文件应当包括以下内容:①形成文件的质量方针和质量目标;②质量手册;③《质量体系要求》所规定的程序文件;④检验检测机构为确保其检验检测过程的有效组织、实施和控制所需的文件,例如作业指导书、管理制度、记录表格等(指导书一般包括检验检测细则、检验检测方案、仪器设备操作规程、仪器设备核查规程、仪器设备自校准规定、安全应急措施等);⑤与检验检测有关的外来文件,例如法律、法规、规章、安全技术规范、标准、政府相关部门的文函通知等。

(7)应按《质量管理体系要求》编制质量手册,质量手册应符合其要求规定。

(8)程序文件的范围应当满足检验检测业务开展和检验检测安全的需要,一般应编制以下几个程序文件:①文件控制程序;②质量记录控制程序;③管理评审程序;④基础设施和工作环境控制程序;⑤内部审核程序。

(二)质量管理体系人员

(1)按照《特种设备安全监察条例》、《特种设备检验检测机构管理规定》、《特种设备检验检测机构质量管理体系要求》等的规定,公司建立与机构的性质、业务种类、规模、组织、机构特点相适应的质量管理体系。质量管理体系建立在气瓶检验、检验质量控制系统的基础上,并配备质量管理体系相应的技术负责人、质量负责人及气瓶检验员。

(2)质量管理体系中的管理者代表(技术负责人兼)由经理任命;质量负责人由主管副经理提名,经理批准任命;气瓶检验员由技术负责人提名,主管副经理批准确定。

(3)专业技术力量,由符合资格的以下人员组成:技术负责人、质量负责人、气瓶检验员、操作人员和气瓶附件维修人员。

(4)为了使质量管理体系有效运行,应做到以下几点:①各负责人员按照质量管理体系的分工履行各自职责。②检验员按照检验工艺进行检验与评定,做到检验记录项目齐全,检验报告填写清楚、完整、签署完备。③制定各项管理制度,并严格贯彻执行。

(三)质量管理体系的运行与监督

质量管理体系由组织系统、法规系统、控制系统组成。质量管理体系的组织系统由各责任人的岗位责任制来保证。质量管理体系的法规系统由相关最新规程、规范、标准作保证。质量管理体系的控制系统由质量手册各项管理制度以及工作标准作保证。质量管理体系实行经理、技术负责人、检验员和操作员三级负责制,由经理、外聘专家、技术负责人和特邀市特设处(科)的专家参加对其实行监督检查,保证其有效运行。

(四)质量管理体系文件类别

质量管理体系文件由质量方针和质量目标、质量手册、程序文件目录、作业指导书、各项管理制度、质量记录,以及国家有关气瓶定期检验与评定的法规、规范、标准以及政府相关部门的文函通知目录组成。

1.质量管理体系程序文件目录

(1)文件控制程序;

(2)质量记录控制程序;

(3)管理评审控制程序;

(4)基础设施和工作环境控制程序;

(5)内部审核程序。

2.管理制度

(1)钢瓶收发登记制度;

(2)检验工作安全管理制度;

(3)钢瓶检验与评定质量管理制度;

(4)检验报告、判废通知书审批签发制度;

(5)设备、仪表、工器具管理制度;

(6)检验报告资料、设备档案管理制度;

(7)人员培训考核管理制度;

(8)锅炉压力容器使用登记定期检验管理制度;

(9)接受安全监察及信息反馈制度;

(10)外购材料备件入库验收管理制度;

(11)报废气瓶处理管理制度;

(12)锅炉压力容器事故应急救援预案。

3.作业指导书

(1)气瓶检验与评定工艺;

(2)气瓶残液残气处理作业指导书;

(3)气瓶内外部检验作业指导书;

(4)气瓶水压试验作业指导书;

(5)气瓶气密性试验作业指导书;

(6)气瓶磁粉探伤试验作业指导书(CNP 检验);

(7)气瓶水,管道压入水量(B 值)测定作业指导书(无缝气瓶检验);

(8)气瓶抽真空、管道密封点试压检漏作业指导书(CNP 检验);

(9)气瓶颜色标记及检验标记涂敷作业指导书。

4.检验设备装置安全操作规程

(1)×××××瓶阀门自动装卸机操作规程；

(2)×××××气瓶水压试验机操作规程；

(3)×××××抛丸除锈机操作规程；

(4)×××××瓶阀校验操作规程；

(5)×××××气密试验机操作规程；

(6)×××××空气压缩机操作规程；

(7)×××××磁粉探伤仪操作规程；

(8)×××××真空泵操作规程。

5.质量记录

(1)《文件发放回收记录》；

(2)《文件借阅复制记录》；

(3)《文件留用销毁申请单》；

(4)《文件更改通知单》；

(5)《文件归档登记表》；

(6)《管理评审计划》；

(7)《管理评审报告》；

(8)《纠正和预防措施处理单》；

(9)《检验设施配置申请表》；

(10)《检验设施管理卡》；

(11)《检验设施一览表》；

(12)《检验设施检修单》；

(13)《检验设施报废单》；

(14)《采购计划》；

(15)《采购合同》；

(16)《供方评价记录》；

(17)《年度内审计划》；

(18)《内审检查表》；

(19)《不符合报告》；

(20)《内审报告》；

(21)《内审首末次会议签到表》；

(22)《气瓶检验与评定记录》；

(23)《气瓶定期检验与评定报告》；

(24)《气瓶判废通知书》；

(25)《气瓶检验收发登记表》；

(26)《用户服务信息反馈表》；

(27)《气瓶抽真空、管道密封点试压检漏记录表》。

6.国家有关气瓶定期检验的相关法律、法规、规章、安全技术规范标准目录

(1)国务院[2003]第 323 号令《特种设备安全监察条例》；

(2)TSG2001—2004《特种设备检验检测机构管理规定》；

(3)TSG2002—2004《特种设备检验检测机构鉴定评审细则》；

(4)TSG2003—2004《特种设备检验检测机构质量管理体系要求》；

(5)国家质监总局第 46 号令《气瓶安全监察规定》；

(6)2000 版《气瓶安全监察规程》；

(7)GB19533—2004《汽车用压缩天然气钢瓶定期检验与评定》(CNP 检验)；

(8)Q/JBTHB010—2006《汽车用压缩天然气钢瓶内胆环向缠绕气瓶定期检验与评定》(CNP 检验)；

(9)GB××××—××××《××××气瓶定期检验与评定》；

(10)GB12135—1999《气瓶定期检验站技术条件》；

(11)GB7144—1999《气瓶颜色标志》；

(12)GB/T9251—1997《气瓶水压试验方法》；

(13)GB/T12137—1989《气瓶气密性试验方法》；

(14)GB17258—1998《汽车用压缩天然气钢瓶》；

(15)GB17926—1999《车用压缩天然气瓶阀》；

(16)GB/T13005—1991《气瓶术语》；

(17)GB××××—××××《相关气瓶》；

(18)GB××××—××××《相关气瓶阀》。

该部分内容可作为附件列于质量手册正文之后。

五、管理职责

(一)管理承诺

公司经理应当通过以下活动体现其检验检测服务满足《质量管理体系要求》的承诺。

(1)向公司全体员工传达遵守国家有关气瓶检验方面相关法规、规章、安全技术规范并认真履行这些法规、标准所赋予的职责以满足政府和接受用户要求的重要性。

(2)完成质监部门确定的气瓶检验任务,并接受各级质监部门的监督与管理。

(3)制定质量方针和质量目标。

(4)建立质量管理体系,并确保其有效运转和持续改进。

(5)在核准的气瓶检验范围内从事法定气瓶检验工作。①保证质量,保证气瓶检验符合气瓶检验相关法规标准的要求。②保证检验约定,按照双方约定气瓶检验完成时间完成气瓶检验工作,并及时出具检验报告和判废通知书。③保证气瓶检验过程中获得的商业、技术信息保密,使这些商业、技术信息的所有权受到保护。

(6)做好质量信息反馈工作。

(7)按照规定和计划实施管理评审。

(8)确保气瓶检验活动获得必要的资源。

(9)严格按国家各级政府核准的收费项目和收费标准进行收费。

（10）以增强政府和客户的满意度为管理目标，以保证气瓶检验质量和确保气瓶的安全使用为目的。

（二）质量方针和质量目标

由机构确定质量方针和具体目标内容。

经理将质量方针和质量目标在全公司会上进行传达，使全体员工充分理解质量方针，并在各自岗位上遵照执行，完成各自的质量目标。

主管副经理负责落实质量方针、质量目标的执行情况，并负责传达到每一位员工。

（三）组织机构

根据公司的实际情况，确定组织机构形式，一般由经理、技术负责人、质量负责人、检验员和相关人员等组成。

（四）职责和权限

1.公司经理的职责和权限

（1）经理是公司法人代表，对气瓶检验负行政责任和法律责任。

（2）贯彻执行国家、省、市等上级关于钢瓶检验方面的有关规程、规范和标准。

（3）负责公司质量方针，质量目标的制定。

（4）负责质量管理体系的建立和完善，并在全部管理工作中建立与质量管理体系相适应的组织机构，配备必要的资源。

（5）负责质量手册的研究批准和签发质量手册，颁布实施令。

（6）负责技术负责人（兼管理者代表）、质量负责人、检验员任命文件的签发。

（7）负责气瓶检验的全面行政管理工作，组织员工完成气瓶检验任务，做好员工思想工作。

（8）组织员工安全文明生产，对全站的安全生产负全责。

（9）有权对一贯重视检验质量和对气瓶检验有较大贡献的优秀人员，给予物质和精神奖励。对违规、违纪造成检验质量事故，给公司造成较大损失的人员，有权扣发工资、索赔损失直至解除劳动合同。

（10）接受各级质量技术监督部门的监督，并定期汇报工作。

（11）副经理协助经理抓好日常检验工作。

（12）负责对质量体系内部评审主持。

2.技术负责人的职责和权限

（1）负责气瓶检验的技术工作，处理检验中的工艺技术问题。

（2）负责有关法规标准的收集及贯彻执行。

（3）负责质量手册的编制审核和贯彻实施，对质量手册的内容有解释权、修改权。

（4）协助经理制定公司质量方针和质量目标。

（5）协助经理建立完善质量管理体系，负责并协调质量管理体系各系统的工作，确保质量管理体系的正常运行。

（6）负责制定和贯彻执行气瓶检验工艺，监督指导检验人员按规定检验，对气瓶检验工作质量负责。

（7）负责检验设备、仪器、仪表的管理，提出设备维修计划和仪表器具的校验计划。对设备的良好和仪表器具的有效性负责。

(8)负责气瓶检验报告及判废通知书的审核签字。

(9)负责气瓶检验人员、操作人员的业务技术培训与考核,并做好记录。

(10)负责内部审核工作。

3. 质量负责人的职责和权限

(1)参与公司质量方针、质量目标的制定,并负责贯彻执行。

(2)参与质量管理体系的建立,掌握质量管理体系运行情况,及时同技术负责人沟通,解决运行中出现的问题,确保质量管理体系的正常运行。

(3)监督检查气瓶检验人员是否按相关规定检验,检验记录报告是否及时填写,各种数据是否准确真实。如发现违规检验,有权责令暂停检验并及时同技术负责人沟通解决,确保气瓶检验质量。

(4)负责监督检查气瓶检验后处理各项工作的质量,并对其正确完好负责。

(5)组织经理、技术负责人、外聘专家、市质监局专家每年一次对公司气瓶检验质量管理体系的监督检查。将检查出的问题和平时发现的问题及时同技术负责人研究,并提出改进各环节工作的措施,以保证质量体系更加持续有效的运行。

(6)负责质量管理体系相关事宜的外部联络。

(7)负责质量信息反馈的及时处理,并填写信息反馈记录表。

4. 气瓶检验员的职责和权限

(1)严格按相关《气钢瓶定期检验与评定》标准和检验工艺进行检验与评定。

(2)能正确使用各种检验设备仪器、仪表、工卡量具,对受检瓶的各种缺陷正确定性与测量评定,对检测数据的准确性负责,对检验质量评定结论负责。

(3)认真填写检验记录表、检验报告和判废通知书,做到用语规范、字体清楚、公正、正确,并在规定部位签字,对填写质量负责。

(4)在无配套工器具、设备装置待修等不能保证检验安全和检验质量的工序,有权拒绝检验并报主管副经理处理。

(5)对检验中的安全负责。

(6)负责检验过程中的信息反馈。

(7)对所负责设备做到"三懂"、"四会"。

5. 安全员的职责和权限

(1)做好检验现场的安全巡回检查、监督指导,对检验的安全工作负责。

(2)对违章操作有权制止,发现不安全隐患及时报告经理处理。

(3)负责消防器械的检查与更换,对消防器材的完好负责。

(4)负责事故的上报,参与事故调查。

(5)负责季度、年度安全情况总结上报。

(6)负责组织员工安全知识的培训教育。

6. 气瓶附件维修员的职责和权限

(1)应了解瓶阀的结构和工作原理。

(2)用专用工具对瓶阀进行解体清洗,按规定进行检验。

(3)领取质量合格的瓶阀易损件同合格阀体、阀杆等零件进行组装。

(4)有权拒绝领取和使用不合格或劣质的瓶阀易损件、零件等。

(5)组装合格的瓶阀在试验台上进行三个状态的气密性试验。

(6)对维修的气瓶阀等附件的质量负责。

(7)对不需维修检验的瓶阀进行更换,对其更换质量负责。

7.档案资料微机员的职责和权限

(1)负责公司气瓶检验设备档案、检验记录、检验报告、气瓶判废通知书、报表、法规标准等资料及技术文件的及时收集整理归档。

(2)负责档案资料的管理工作,对档案资料的齐全、完好负责。

(3)负责档案资料的借阅和批准销毁资料的销毁工作。

(4)负责微机的使用与管理,保证气瓶检验工作实行计算机管理。

(5)有权制止未经领导批准人员动用操作微机。

(6)对输入微机的资料数据等完整正确负责。

(五)内部沟通与顾客沟通

1.内部沟通

公司确保在不同层次和职能之间就质量管理体系的过程包括质量要求、质量方针、质量目标、完成情况以及实施的有效性进行沟通,达到相互了解、相互信任、实现全员参与的效果。

2.顾客沟通

(1)向外界推广介绍公司的质量政策、企业精神,展示公司的整体形象和持续满足顾客要求的能力。

(2)确保所提供信息的真实性(公司概况、宣传广告资料等)。

(3)顾客沟通是一种双向交流,对顾客的咨询或检验质量、气瓶的判废及完成时间变动及时与顾客沟通。

(4)顾客关于气瓶检验质量及其服务方面的反馈信息的沟通。

3.沟通形式

可采用质量和安全例会、公告、公司概况介绍、走访客户、座谈会、联谊会等形式。

(六)管理评审

公司经理应按规定时间每年组织一次对质量体系进行评审,具体执行管理评审程序。

六、资源管理

(一)资源提供

经理明确提出及时提供资源的承诺。资源是保持质量管理体系有效持续运行,确保气瓶检验质量,满足法律法规及顾客(受检者)要求,保证质量方针、质量目标得以实现的必要条件。经理负责组织识别和提供资源,包括人力资源、基础设施、设备工器具、工作环境、技术支持、信息和财务等资源。满足气瓶检验检测的需要。副经理分管并做好资源提供的管理工作。

(二)人力资源

(1)经理应是专业技术人员,有较强的管理水平和组织领导能力,熟悉气瓶行业的法律、法规和检验业务。

(2)经理负责人力资源的识别、配置、培训、教育和管理。

(3)技术负责人应是持气瓶检验员证件有相关专业的工程师资格或气瓶检验员以上资格符合相关条件规定的人员。

(4)质量负责人应有相关专业助理工程师职称并符合相关条件规定。

(5)气瓶检验员应在教育培训实践的基础上,按照《特种设备安全监察条例》规定参加省质量技术监督局所办气瓶检验员培训班,取得检验员证。

(6)对所配备满足气瓶检验需要的操作员、附件维修员应进行岗位应知应会和气瓶检验设备操作等基本知识的培训。

(7)公司为提高全体员工的质量意识,通过法规标准学习及安全知识教育,使其认识到自己所从事的工作与气瓶检验质量及质量管理体系的相关性和重要性,并通过自己的努力实现公司的质量目标。

(8)为了保证人力资源满足气瓶检验的需求和不少于10人的规定,技术负责人应根据气瓶检验业务的发展变化、人员流动情况等及时向经理提出合理的人力资源配置计划。

(9)对外聘人员,公司应按规定同外聘人员签订劳动合同,并保证其合法权益。

(三)基础设施

公司为确保气瓶检验数量、检验质量应提供必需的基础设施,包括检验厂房、场地、设备材料及备件库、附件维修间、档案资料管理设施等。

(1)气瓶检验检测厂房、设施、设备、工器具等应符合《特种设备检验检测机构核准规则》中的相关要求和《气瓶定期检验站技术条件》的规定。

(2)检验检测设备和工器具的数量、性能、有效性、完好程度等方面应能满足检验气瓶数量与检验质量的需要。

(3)技术负责人应对设备的采购、验收、配置、运行管理及维修保养负责。分管设备的检验员或操作员负责设备的日常维护管理。

(4)拥有相关的气瓶检验法规标准资料和满足检验需要的作业指导书、各项管理制度、检验记录、报告表卡等。

(四)工作环境

(1)气瓶检验工作间、残液(气)回收排放、气瓶除锈、油漆涂敷等工作环境应符合防火、防爆、环保和劳动保护的要求。

(2)气瓶检验工作间环境温度及水压试验水温、气密试验气体温度应符合《气瓶水压试验方法》和《气瓶气密性试验方法》中的规定。

七、气瓶检验实现

(一)气瓶检验服务合同

(1)同重点客户应签订气瓶检验服务合同,明确合同双方的义务,公司为客户承诺检验完成时间、检验质量,所采用原材料、备件质量,保证检验报告及时出具与签发等。

（2）一般客户叮接受口头合同形式,在接受口头合同时,公司应保存所有工作指令的记录,包括口头上接受的要求(协议)日期和客户代表、指令发布人。

(二)检验要求

（1）严格执行国家有关气瓶检验法规、安全技术规范、技术标准及本企业制定的气瓶检验工艺和相关作业指导书,确保气瓶检验安全、检验质量和完成时间。公开气瓶检验程序、收费标准和服务承诺,接受质监部门及社会监督。

（2）按照国家质监总局气瓶检验核准项目类别进行法定检验。

（3）应有能够满足核准项目相适应的各类气瓶检验需要,且不少于2名的持证检验员进行检验。

(三)制定检验工艺

检验工艺是指导检验全过程要求的法则,要求程序清楚、项目明确,检验要求评定具体、可操作性强。

(四)工作条件

（1）完善配套的符合要求的资源条件保证。

（2）开展气瓶检验的准备工作,进入现场的安全要求,不受不良天气影响等条件能够得到满足。

(五)材料、备件采购和控制

（1）材料、备件包括油漆、密封材料、防震圈、阀门及其密封圈、配件等。

（2）材料、备件采购计划由技术负责人提出报经理批准后安排采购实施。

（3）分供方评审和管理:为了满足材料、备件的质量要求,应对分供方的能力、质量保证和信誉进行评价,并根据评价结果择优选择。

（4）材料、备件管理负责人按采购单和质量证明书合格证进行验收建账入库,并负责其管理和发放。

（5）按气瓶检验工艺规程及作业指导书由气瓶检验员进行气瓶检验实施。工序的检验状态有待检、合格和不合格(判废)三种。

（6）质量记录,包括《供方评价记录》、《纠正和预防措施处理单》、《采购计划》、《采购合同》。

(六)安全要求

在气瓶检验检测工作时,必须保证检测工作的安全。

（1）作业环境符合职业健康安全管理要求。

（2）检测设备仪表工器具应完好,经过定期校验,操作人员应严格按操作规程操作检验设备装置。

（3）检验人员应穿好劳动保护用品。

（4）安全员对检验现场做好安全巡回检查与监督。

(七)气瓶检验过程控制

（1）检验工序工艺过程的确认。工序的检验状态有待检、合格和不合格(判废)三种。

（2）检验工艺流程图,应按气瓶定期检验与评定标准规定的检验程序绘制,检验工艺流程图绘制的主要要求如下:①按检验工序以实线带箭头指明流程方向表示合格流程;

②以虚线带箭头指明流程方向表示不合格流程;③各流程之间用相应线段连好相互之间的关系,并用箭头指明流程方向;④各工序名称外画矩形封闭框线。

(3)仪表、计量器具有效控制。由技术负责人提出称重衡器及压力表等的校验计划,及时定期校验,确保其在有效期内灵敏可靠。

(4)检验工艺实施。气瓶检验员按检验工艺及作业指导书进行检验,并认真及时填写检验记录报告或判废通知书,在规定位置签字。检验实施过程由技术负责人进行工艺技术指导,质量负责人进行监督检查。

(八)检验后处理

(1)按规定涂敷气瓶颜色标记和检验色标。

(2)打冲检验钢印标记。

(3)检验后处理由持证检验员出具检验报告、气瓶判废通知书,签字后由技术负责人审核签发,并加盖公司气瓶检验专用章。

八、质量管理体系的分析和改进

(一)内部审核

制定计划和程序进行内部审核以验证其运作是否符合质量管理体系的要求,内部审核应当符合以下要求:

(1)涉及质量管理体系的全部要素,包括检验检测活动和检验检测安全。内部审核由质量负责人组织并且应当由经过培训和具有经验的人员执行。审核人员的选择与审核的实际应当确保审核过程的客观性和公正性,审核人员应当独立于被审核的活动。

(2)程序文件中应当对策划和组织实施内审及出具报告、保持相应记录的职责和要求作出规定。

(3)接受审核部门的管理者应当确保及时采取纠正措施,以清除所发现的不符合及其原因。

(二)投诉与抱怨

由相关部门受理投诉与抱怨,并做投诉与抱怨记录,根据调查结果采取纠正措施并填写记录。

(三)质量管理体系分析与改进

公司应确定收集和分析适当的数据,以证实质量管理体系的适宜性和有效性,并且评价可以持续改进体系的有效性。

(1)数据分析应当提供以下有关方面的信息:①客户满意情况;②与检验检测法规、技术规范标准的符合性;③检验检测质量和安全的特性及趋势,包括采取预防措施的机会;④服务方和供应方;⑤检验检测分包。

(2)应当利用质量方针、质量目标、内部或者外部审核结果、数据分析、纠正和预防措施以及管理评审,持续改进体系的有效性。

(3)应当采取纠正措施,以便在确认了不符合工作、质量管理体系或者技术运作偏离了其制度和程序时实施纠正,以消除不符合原因,防止不符合的再发生。①评审不符合(包括投诉);②确定不符合的根本原因;③评价确保不符合不再发生的纠正措施的要求;

④确定和实施所需的纠正措施;⑤记录所采取措施的结果;⑥评审所采取的纠正措施,对纠正措施的结果进行监控,以确保所采取的纠正措施是有效的。

(4)采取有力的预防措施,以消除潜在不符合的原因,防止不符合的发生。①确定潜在不符合及其原因和所需要的改进;②评价防止不符合发生的预防措施的需求以减少类似不符合情况发生的可能性;③确定和实施所需的预防措施;④记录所采取措施的结果;⑤评审所采取的预防措施,以确保其有效性。

第四节　程序文件、作业文件、管理制度的编制

一、程序文件的编制

程序文件是对质量管理体系各质量要素的具体阐述,与质量手册一起共同构成对整个质量管理体系的描述。程序文件的范围应当覆盖《管理体系要求》并满足检验检测业务开展和检验检测安全的需要,其数量以及简繁程度应当根据检验检测机构的性质、规模和工作范围而确定。

"程序"的定义是:为进行某项活动或过程所规定的途径。在多数情况下,程序应形成文件,即称之为程序文件。质量管理体系程序文件是描述实施质量管理体系过程中所需要的质量活动的文件,是质量手册的具体展开和有力支撑。它描述实施质量体系过程所涉及各个质量控制系统各种质量活动的依据、内容和责任者,其内容应包括该质量活动的目的、范围,做什么、为何做、谁来做、何时做、何地做、怎么做(用什么材料、工器具及文件、记录等)。

形成文件的程序可以包括在质量手册中,也可以单独形成文件而在质量手册中加以引用。鉴于气瓶检验站一般规模都比较小,检验工作单一,因此程序文件可以编制在质量手册中。就气瓶检验站而言,至少应编制以下5个程序:①文件控制程序;②质量记录控制程序;③管理评审程序;④基础设施和工作环境控制程序;⑤内部审核程序。

(一)文件控制程序

1.目的

对于质量管理体系有关的文件进行控制,确保各相关场所使用的文件为有效版本。

2.范围

适用于与质量管理体系有关的文件控制。

3.职责

(1)经理负责手册的批准颁布。

(2)技术负责人负责质量手册的编制和宣传贯彻。

(3)各部门负责使用和管理。

(4)档案资料员负责质量管理体系有关文件的收集、整理和归档。

4.文件的编制、批准、发布和配备

(1)质量管理体系文件发布前必须经过公司经理批准,以保证文件是充分适宜的。质量手册及其相关程序文件按质量手册的规定编制修订、审批和管理,质量手册由技术负责

人编制,公司主管副经理主审,公司经理批准后发布实施。由技术负责人归口管理。

(2)由公司气瓶检验技术负责人向有关人员传达气瓶检验执行的法规、规章、技术规范和技术标准,并予配备。

5．文件的评审与更新

(1)当需要时(例如内部机构变动、法规标准修订、气瓶检验技术要求发生变化等),应对文件进行评审、更新和再次批准。当发现经批准实施的文件有错误或不适宜时应进行更改。

(2)更改时应该在更改、更新文件中标明现行修订状态,各类文件的更新和修订状态使用适当的办法,如:文件清单、修订一览表进行识别。

6．文件的作废和处理

由公司气瓶检验技术负责人负责及时收回撤换失效和作废的文件并予以销毁处理,当有必要保留时就在失效和作废的文件封面上盖"作废"章予以标识,并登记存档。

7．相关文件

相关文件为《质量记录控制程序》。

8．质量记录

需填写以下表单:《文件领用登记表》、《文件更改通知单》、《文件留用销毁申请单》、《文件归档登记表》、《文件借阅登记表》。

(二)质量记录控制程序

对记录(包括存在于计算机系统中的记录)的填写、标识、收集、检索、存取、存档、保存期限和处置的要求,应按照文件控制程序规定,气瓶检验记录、报告、判废通知书,格式按照法规、安全技术规范的规定或省统一规定由公司统一印制,记录报告项目应规范齐全,按质量控制程序进行审核、签发。质量记录还应当包括内部审核和管理评审的报告以及纠正和预防措施等,记录应满足质量管理体系运行控制需要。

1．目的

对质量管理体系所要求的记录予以控制。

2．范围

适用于证明气瓶检验符合要求和质量管理体系有效运行的记录。

3．职责

(1)质量负责人负责监督、管理各部门的质量记录。

(2)档案资料员负责收集、整理、保管本公司的质量记录。

4．程序

(1)质量记录的标识编制按《文件控制程序》执行。

(2)质量记录填写要及时、真实,内容完整、清晰,不得漏项和随意涂改;各相关栏目负责人签名不允许空白。

(3)内审报告、管理评审报告、气瓶检验报告和气瓶判废通知书,由技术负责人审签。

(4)如因笔误或计算错误要修改原数据,应在其上方写上更改后的数据,加盖更改人的印章或签名并注明日期。

(5)档案资料员必须把所有质量记录分类,依编号或时间顺序整理好,归档存放。

（6）质量记录的借阅或复制需经技术负责人批准，在档案资料室办理借阅手续。

（7）质量记录的销毁处理。质量记录如超保存期或其他特种情况需要销毁，由档案资料员提供清单，技术负责人批准，由受权人执行销毁。

（8）记录格式由公司统一印制。

5. 相关文件

相关文件为《文件控制程序》。

6. 质量记录

需填写以下表单：《文件发放回收记录》、《文件借阅复制记录》、《文件留用销毁申请单》。

（三）管理评审程序

公司经理应按规定时间每年组织一次对质量体系进行评审。具体执行管理评审程序。

1. 目的

按计划的时间间隔评审质量管理体系，以确保其持续改进的适宜性、充分性和有效性。

2. 范围

适用于对公司质量管理体系的评审。

3. 职责

（1）经理主持管理评审活动。

（2）技术负责人向经理报告质量管理体系运行情况，提出改进建议，提供相应的管理评审报告。

（3）办公室负责评审计划的制定、发放。

（4）各相关部门负责准备、提供本部门工作有关的评审所需的资料。

4. 程序

（1）管理评审安排。每年至少进行一次管理评审，可结合内审后结果进行，也可根据需要安排。办公室于每次管理评审前一个月同技术负责人商定计划安排，报经理批准。

（2）管理评审输入。管理评审输入应包括以下方面有关的信息和改进的机会：①审核结果，包括内审和外审的结果；②客户反馈以及投诉与抱怨，包括满意与不满意及客户对要求已满足的感受；③过程的业绩和气瓶检验的符合性，包括不同过程、达标的程序；④政府、质监部门的意见和要求以及对法规、安全技术规范要求的满足程度；⑤气瓶检验服务的质量和检验安全的状况；⑥改进、预防和纠正措施的状况；⑦可能影响质量管理体系的各种变化，包括内外环境的变化，如组织机构的变化及设备变化等；⑧质量管理体系运行状况，包括质量方针、质量目标的适宜性和有效性；⑨改进的建议，部门及员工所提的建议。

（3）评审准备。预定评审前技术负责人汇报现阶段质量管理体系运行情况并提交本次评审计划安排，由经理批准。

（4）管理评审会议。经理主持管理评审会议，技术负责人和有关人员对评审输入作出评价，或对潜在的不合格项提出纠正和预防措施，确定责任人和整改时间。经理对所涉及的评审内容作出结论(包括进一步调查、验证)。

(5)管理评审输出。管理评审输出应包括以下方面有关的措施:①质量管理体系的有效性及其过程的改进,质量方针、质量目标、组织机构、过程控制等方面的评价;②政府、质监部门与顾客要求的有关气瓶检验质量的改进;③资源提供的需求等。

会议结束后,由办公室根据管理评审输出要求进行总结,编制《管理评审报告》,经技术负责人审核,报经理批准,发到相应部门监督执行。本次管理评审的输出,可以作为下次管理评审输入。

(6)改进、纠正、预防措施的实施和验证。

(7)如果管理评审结果引起文件的更改应执行《文件控制程序》。

(8)管理评审产生的相关质量记录应由办公室按《质量记录控制程序》保管。包括管理评审计划安排、评审前准备的评审资料、评审会议记录及管理评审报告等。

5.相关文件

相关文件包括《内部审核程序》、《文件控制程序》、《质量记录控制程序》。

6.质量记录

需填写以下表单:《管理评审计划》、《管量评审报告》、《纠正和预防措施处理单》。

(四)基础设施和工作环境控制程序

1.目的

识别并提供和维护为实现气瓶检验需要的设施,识别并管理为实现气瓶检验符合性所需要的工作环境和基础设施。

2.范围

气瓶检验所需的设施、建筑物、工作场所、设备、支持性服务(水电、气供应)设施等。

3.职责

(1)经理负责为实现气瓶检验所需要的设施和工作环境的保障,满足其需求。

(2)气瓶检验员、安全员负责对实现气瓶检验所需的设施和工作环境进行控制,质量负责人对其进行监督。

4.程序

(1)检验设施的识别。公司为实现气瓶检验符合性活动所需的设备设施包括工作场所、设备和工器具、计算机(软件)、支持性服务、运输设施等。

(2)设施的提供。技术负责人根据气瓶检验的要求和公司发展需要,提出注明设施名称、用途、型号、规格、技术参数、单价、数量等申请单报主管副经理确认,经理批准后,安排采购有关事宜。

(3)设备的验收。采购的设备由技术负责人组织使用人员进行安装、调试,确认满足要求后,交检验人员使用。安装投入使用设备进行编号,建立设备台账、设备档案。

(4)设备的使用管理、维护和保养。技术负责人编写设备的操作规程,并张贴在设备旁。相关操作人员应由技术负责人负责培训,考核合格后方可上岗操作。需检修和维护保养的设备由技术负责人提出计划,经理批准后实施。现场使用的设备应有唯一性标识,挂牌实行专管,并由管理者负责日常维护保养。安全阀、称重衡器、压力表等应按规定校验,并有校验报告或标识表明其有效状态。

(5)设备的报废。对无法修复或无使用价值的设备,由技术负责人提出清单,由经理批准后报废,在设备台账和设备档案中注明情况。

5.工作环境

技术负责人识别并管理为实现气瓶检验质量符合性所需的工作环境,其中人和物的因素,根据气瓶检验作业需要,负责确定并提供作业场所必需的基础设施,创造良好的工作环境,包括以下几方面:

(1)配置适用气瓶检验的厂房并根据检验需要符合防火防爆、防止暴晒和风雨。配置必要的通风、除尘、消防器材,保持符合检验需要的温度和职业卫生安全劳动保护。

(2)确保员工气瓶检验检测符合劳动法规和安全法规的要求。

6.记录

需填写以下表单:《检验设施配置申请表》、《设施管理卡》、《检验设施一览表》、《检验设施检修单》、《检验设施报废单》。

(五)内部审核程序

1.目的

验证质量管理体系是否符合标准要求,是否得到有效保持、实施和改进。

2.范围

适用于公司质量管理体系所有要素和所有要求的内部审核。

3.职责

经理批准年度内审计划与方案,审批内审报告。

技术负责人全面负责内审工作。

4.内审员组成与要求

(1)内审员的条件和要求。经过内部培训学习,熟悉内审程序、范围、内容、方法等方面的知识。

(2)内审员应当独立于被审核的活动,要公正客观地对待查出的问题,确保审核过程的客观性和公正性。

(3)内审员由质量负责人、主管副经理和检验员代表三人组成,由质量负责人任内审组长。

5.对接受审核部门管理者的要求

(1)确保及时采取纠正措施,以消除不符合要素及其原因。

(2)跟踪活动应当包括对所采取措施的验证和验证结果的报告。

(3)如果调查结果表明检验结果已受影响,应以书面形式通知客户和气瓶登记的质监部门。

6.审核程序

为了通过自查查出内部质量管理体系存在的问题,及时纠正和定出预防措施,确保质量体系的正常运转,决定每年进行一次内部审核,具体按"内审检查表"进行现场审核,将体系运行、检验质量等审核情况及结果记录在检查表中。

(1)首次会议由内审组长主持,参加会议人员有公司领导、内审组成员及相关人员,与会者签到,并做好会议记录。会议内容:由组长介绍内审目的、范围、依据、方式、组员和内审日程安排及其他有关事项。

(2)现场审核。根据《内审检查表》进行审查并逐项详细记录。内审组长召开内审员会议,沟通审核情况,对不合格项目进行核对。

(3)审核报告。现场审核后,内审组长召开内审组会议确认不合格项,相关部门人员分析原因制定纠正措施,并做实施验证和得出结果。现场审核一周内,审核组长完成《内部质量管理体系审核报告》交经理批准。

审核报告内容包括:①审核目的、范围、方法和依据;②内审组成员、受审核方代表名单。总结审核计划实施情况。分析不合格项及存在问题。提出对公司质量管理体系有效性、符合性结论及今后改进的地方。

(4)末次会议由审核组长主持,参加人员有公司领导、内审组成员及相关人员,与会者签到,会议记录归档。会议内容:内审组长宣读审核项目不合格报告,提出完成纠正措施的要求及日期。公司经理讲话。本次内审结果及审核报告要提交公司管理评审。

(5)质量记录。需填写以下表单:《内审检查表》、《内部质量管理体系审核报告》、《内审首(末)次会议签到表》。

7.不符合工作控制

(1)确定对不符合工作进行管理的职责和权力,对不符合工作被确定时应采取暂停业务,避免不符合扩大化造成严重后果。

(2)对不符合工作的严重性进行评价。

(3)立即采取纠正措施。

(4)由技术负责人批准恢复检验检测服务。

8.相关文件

相关文件为《管理评审控制程序》。

9.质量记录

需填写以下表单:《年度内审计划》、《内审检查表》、《不合格报告》、《内审报告》、《内审首(末)次会次签到表》。

二、作业文件的编写要点

(一)检验工艺

检验工艺是指导检验全过程要求的法则,要求程序清楚、项目明确、检验要求评定具体、可操作性强。可按以下项目编写:①序号;②工艺程序名称;③工艺项目内容及检验要求;④技术质量检验与评定;⑤采用设备、仪器、工卡量具。

(二)气瓶残液残气处理作业指导书

(1)气瓶残液残气处理的目的。

(2)有残液残气的气瓶必须设抽残装置。

(3)按抽残液装置操作规程操作。

(4)残液应装入盛装残液的容器(回收装置)。

(5)进行蒸汽吹扫或焚烧。

(6)测定瓶内残气含量应符合规定。

(三)气瓶内外部检验作业指导书

(1)写明检验操作程序、检验内容、检验要求、评定标准。

(2)检验方法及所采用的设备、仪表、工卡量具。

(3)各检验程序的检验注意事项。

(4)气瓶内外部检验应在除锈合格后进行。

(5)内部检验必须有足够亮的照明装置或内窥镜。

(四)气瓶水压试验作业指导书

(1)水压试验的目的。

(2)试验装置要求、操作程序、水温水质及环境温度要求。

(3)压力表选用和安装符合要求,并定期校验,保证其灵敏可靠。

(4)水压试验压力、保压时间、合格标准。

(5)试验注意事项。

(五)气瓶气密性试验作业指导书

参照水压试验作业指导书编制。

(六)气瓶管道压入水量(B值)测定作业指导书

(1)对 B 值测定的规定。

(2)应有测 B 值的专用阀门。

(3)B 值测定操作步骤。

(4)测定时的注意事项。

(七)气瓶抽真空作业指导书

(1)对不同介质的排放或回收要求。

(2)按照真空泵的操作规程、操作步骤操作。

(3)抽真空合格标准。

(4)抽真空操作的注意事项。

(八)气瓶颜色标记及检验标记涂敷作业指导书

(1)对气瓶颜色、字色的要求。

(2)对底漆和面漆的要求。

(3)漆色的合格标准。

(4)对个人劳动保护的要求。

(5)对作业场地、喷漆装置和环保的要求。

(九)(操作规程)作业指导书

瓶阀门自动装卸机操作规程、气瓶水压试验机操作规程、抛丸除锈机操作规程、瓶阀校验台操作规程、气密试验机操作规程、空气压缩机操作规程、气瓶气压试验操作规程(溶解乙炔气瓶检验)、锅炉压力容器操作规程(使用该设备者编写)等操作规程的编写要求是:

(1)设备的主要工作原理、结构特点、工艺参数。

(2)主要操作程序和操作步骤,如开停机等。

(3)操作安全注意事项。

(4)维护保养要求。

(5)常见故障及其排除方法。

(6)设备要求办理注册登记证的要按规定办理。

(7)设备的定期检验和安全附件定期校验的规定。

三、管理制度的编写要点

(一)钢瓶收发登记制度

(1)明确收发责任人。

(2)记录表卡项目及填写要求。

(3)填写哪些内容。

(4)收发人员核查签字。

(5)为财务结算提供数据。

(6)注意事项。

(二)检验工作安全管理制度

(1)检验员、操作员劳动保护要求。

(2)检验过程中的安全注意事项。

(3)设备操作规程上墙并严格执行。

(4)安全员巡回检查监督并做好记录。

(5)设备工器具保证完好。

(6)动力、照明电线安装符合要求。

(7)气瓶搬运及放置要求。

(三)钢瓶检验与评定质量管理制度

(1)严格按检验工艺流程及检验工艺进行检验。

(2)设备、工器具、仪表等定期检验与校验规定。

(3)按检验工艺要求保证各工序必须使用的设备、仪器及工卡量具。

(4)检验应到位,检测数据应准确,评定结论用语规范。

(5)检验记录报告、表卡、设计符合要求,并做到项目齐全、填写正确、签署完备。

(6)应及时发给用户和归档。

(四)检验报告、判废通知书审批签发制度

(1)检验记录、检验报告、判废通知书由检验员填写及签字。

(2)检验报告、判废通知书由技术负责人审核签字并盖章。

(3)明确整理归档的责任人。

(五)设备、仪表、工器具管理制度

(1)设备、仪表、工器具的采购、入库、发放管理要求。

(2)明确负责建立台账、档案的管理部门和责任人。

(3)选用要求。

(4)定期检验和校验规定。

(5)设备应挂牌实行专人管理。

(6)设备牌子上内容要求。

(7)设备的检修报废要求。

(六)检验报告资料、设备档案管理制度

(1)明确何部门何人管理。

(2)归档范围与要求。

(3)档案整理责任人及归档时间要求。

(4)借阅规定。

(5)损坏、丢失处理规定。

(七)人员培训考核管理制度

(1)培训责任人、培训对象。

(2)培训单位和时间。

(3)对本单位的培训要求。

(4)培训记录,应写明培训时间、地点、内容等。

(5)培训后的考核办法。

(八)锅炉压力容器使用登记定期检验管理制度

(1)明确操作人员及对操作人员持证上岗的要求。

(2)按规定办理使用证及定期检验要求。

(3)应严格按操作规程操作。

(4)对安全附件的校验要求。

(5)巡回检查要求。

(九)接受安全监察及信息反馈制度

(1)应接受哪些安全监察部门监察。

(2)监察的内容和范围。

(3)本单位如何接受安全监察。

(4)信息来源形式、信息处理与回复。

(5)填写信息处理表并由相关人员签字。

(6)采取走访用户,开座谈会、联谊会等形式做好服务。

(十)外购材料备件入库验收管理制度

(1)编制外购计划及审签。

(2)明确外购责任人。

(3)对供方评审及其选择。

(4)外购材料的备件验收、入库及领用。

(5)质量证明书、合格证齐全并妥善保存。

(十一)报废气瓶处理管理制度

(1)应出具判废通知书。

(2)明确报废瓶的堆放地点并集中堆放。

(3)破坏性处理的时间。

(4)破坏性处理场地。

(5)破坏性处理设备、工具和处理方法。

(6)明确报废瓶不得外卖,对违者的处理办法。

(十二)锅炉压力容器事故应急救援预案

(1)组织机构及其职责。

(2)危害辨识与风险评价。

(3)通告程序和报警系统。

(4)应急设备与设施。

(5)能力与资源。

(6)保护措施程序。

(7)信息发布与公众教育。

(8)事故后的恢复程序。

(9)培训与演练。

(10)应急预案的维护。

第三章　气瓶充装质量管理手册的编制

第一节　编制气瓶充装质量管理手册的原则和要求

一、质量管理体系文件编制的基本原则

根据《气瓶充装许可规则》、《××××充装规定》,结合本单位的实际,按照气瓶充装质量和安全管理技术的要求,参照 GB/T19000—2000 系列标准选择适合本单位的质量体系模式。气瓶充装单位的质量管理体系的质量管理应由技术负责人负责建立、实施和保持质量体系。站长或经理应任命适量的责任人员协助技术负责人进行气瓶充装的质量控制和重点过程的质量控制。气瓶充装单位必须编制质量管理手册、质量体系程序文件、管理制度、作业指导书(操作规程)和技术表卡等质量体系文件,规定有关人员的职责和权限,明确各项工作的标准。

二、质量管理手册编制的要求

质量管理手册(以下简称质量手册)应说明气瓶充装质量管理体系所覆盖的过程及其应开展的活动,以及每个活动需要控制的程序。特别是对质量管理体系有效运行起着重要作用的过程,如内部审核、纠正与预防措施、顾客要求、工艺过程控制、测量和校准等,均应作出明确的规定。同时,质量手册还应对编制依据、适用范围、企业概况、组织机构、管理职责和资源等作出必要的说明。

在质量体系要求描述的方法上,要规定出企业如何应用、完成和控制所选定的每一个过程。使该项质量职能真正落实,因此应按照该体系要求实施时的工作流程,逐一列出主要的质量活动,并把活动的责任落实到具体部门和责任人员,明确其相互关系,提出对活动的要求。至于这些质量的活动具体实施时要执行的更详细的程序文件(管理标准、制度等)可在手册中引用这些文件的编号,而不展开描述。

第二节　质量手册的结构和内容

根据气瓶充装质量管理体系要求和质量手册内容的基本要求,气瓶充装质量手册一般结构和内容应包括以下要求。

一、封面

应有质量手册标题、版本号、企业名称、受控状态、编制人、审核人、批准人、发布日期和实施日期。

二、批准页

由经理签发的质量手册批准发布实施的文字说明,是企业经理批准实施质量手册的指令,明确质量手册的法规性地位和作用,表明执行质量手册各项规定的态度并提出措施,保证全体员工都能理解并必须认真贯彻执行质量手册的要求。同时授权技术负责人负责质量管理体系的保持和运行,并对质量手册的实施负责。该批准须有经理的亲笔签字。

三、以正式文件颁布公司质量方针和质量目标

(一)质量方针
质量方针应是全局性,战略性的,是企业的宗旨与方向。
(二)质量目标
质量目标是质量方针具体化的奋斗目标。企业的质量目标应与企业质量方针相一致,在同行业中具有竞争力,并且必须能够兑现。质量目标应尽可能定量化,以便于测评。

四、描述企业基本信息

包括名称、地点、电话、传真等,并以简练的文字说明企业性质、规模、生产能力、储存能力(包括人员素质、持证情况和设备情况等)气瓶充装范围、质量管理的建立、质量手册的编制等情况。

五、手册说明

说明手册是根据《气瓶充装许可规则》《气瓶安全监察规程》《××××充装规定》等的规定,按照气瓶充装质量和安全技术管理的要求,参考国家标准《质量管理体系要求》(GB/T19001—2000)进行编制的。明确规定使用手册的组织范围和使用方法,规定手册的编制、审核、批准、发放、使用、实施以及手册更改的提出、修改、审批、换版、回收等管理内容。此外,还应注明现行版本质量手册的编写、审核、批准人及发布日期。以确保每本手册现行有效。

第三节 质量管理手册正文

一、总则

(1)明确手册编制的目的、依据及气瓶充装活动符合法律、规范以及政府和用户的要求。

(2)明确质量手册与企业所申请的气瓶充装的气体类型相适应。

(3)明确从事气瓶收发、气体充装、充装前后检查、安全检查、瓶库管理等相关人员必须遵守质量手册的有关规定。

(4)质量手册编制依据的法律、法规、规章和技术规范、标准主要有:《特种设备安全监

察条例》、《气瓶安全监察规定》、《××××气瓶安全监察规定》、GB×××××－××××《××××气瓶充装站安全技术条件》、GB×××××－××××《××××充装规定》、《气瓶充装许可规则》以及其他有关技术文件。

二、公司概况

描述企业基本信息,包括名称、地点、电话、传真等,并以简练的文字说明企业性质、规模、生产能力(包括人员素质、持证情况和设备情况等)、气瓶充装范围、质量管理体系的建立、《质量手册》的编制等情况。

三、气瓶充装质量管理体系

(1)质量手册已正式颁布实施,并且根据有关法规、标准和本单位实际情况的变动、充装工艺的改进而及时修订。

(2)质量管理体系符合本单位的实际情况,绘制的质量管理体系图、充装工艺流程图,能够正确有效地控制充装质量和安全。

(3)专业技术力量由符合资格的以下人员组成:

①负责人(站长或经理),应当熟悉充装介质安全管理相关的法规,取得具有充装作业(站长)的《特种设备作业人员证》。②技术负责人,设1名技术负责人,熟悉介质充装的法规、安全技术规范及专业技术知识,具有助理工程师(限液化石油气充置)或工程师以上职称。③安全员,设专(兼)职安全员,安全员应当熟悉安全技术和要求,并切实履行安全检查职责。④检查人员,不少于2人,并且每班不少于1人,应当经过技术培训,持有《特种设备作业人员证》。⑤充装人员,每班不少于2人,取得具有充装作业项目的《特种设备作业人员证》。⑥化验、检修人员,配备与充装介质相适应的化验员、气瓶附件检修人员,并且经过技术和安全培训。⑦辅助人员,配备与充装介质相适应的气瓶装卸、搬运和收发等人员,并且经过技术和安全培训。

(4)公司质量管理体系由组织系统、控制系统、法规系统组成。组织系统由各责任人员的职责来保证;法规系统由相关最新规程、标准作保证;控制系统由质量手册、管理制度、充装工艺及工作标准作保证。

(5)充装质量管理体系实行经理、技术负责人和充装员三级负责制。

(6)质量管理体系由经理、特聘专家、技术负责人和特邀市质监局特设处(科)管理人员参加组成有效监督机制,保证其有效运行。

(7)质量管理体系文件,包括质量手册、各项管理制度、安全技术操作规程、工作记录和见证材料、相关法规标准目录。

各项管理制度包括:气瓶建档、标识、定期检验和维护保养制度;安全管理制度(包括安全教育、安全生产、安全检查等内容);用户信息反馈制度;压力容器、压力管道等特种设备的使用管理以及定期检验制度;计量器具与仪器仪表校验管理制度;气瓶检查登记制度;气瓶储存、发送制度(例如配带瓶帽、防震圈等);资料保管制度(例如充装资料、气瓶档案、设备档案等);不合格气瓶处理制度;各类人员培训考核制度;用户宣传教育及服务制度;事故上报制度;事故应急救援预案定期演练制度;接受安全监察的管理制度;防火、防爆、防静电安全管理制度。

安全技术操作规程包括:瓶内残气处理操作规程;气瓶充装前、后检查操作规程;气瓶充装操作规程;气体分析操作规程;压力容器操作规程;压缩机操作规程;事故应急处理操作规程等。

工作记录和见证材料包括:气瓶收发记录;新瓶和检验后首次投入使用气瓶的抽真空置换记录;残液(残气)回收处理记录;充装前、后检查和充装记录;不合格气瓶隔离处理记录;气体分析记录;质量信息反馈记录;设备运行、检修和安全检查等记录;安全培训记录;安全巡回检查记录;事故应急救援预案演练记录;不合格瓶隔离处理记录;液化气体罐车装卸记录《内审检查表》;《内审首(末)次会议签到表》)。

主要法规标准规范目录包括《特种设备安全监察条例》、《气瓶安全监察规定》、《×××××气瓶安全监察规程》、《气瓶充装许可规则》等。

该部分内容可作为附件列于质量手册正文之后。

四、管理职责

(一)公司经理承诺

1. 公司经理对政府的承诺

(1)向公司员工宣传贯彻并严格执行气瓶充装方面的相关法规、标准,满足政府及用户的要求。

(2)在确定的气瓶充装范围内从事法定的气瓶充装工作,并保证充装安全和充装质量。

(3)接受各级质监部门的监督管理和完成确定的其他充装等任务,按时上报充装统计报表。

2. 公司经理对客户的承诺

(1)保质保量按时完成客户的充装任务。

(2)做好充装前后检查保证使用符合法规要求的合格气瓶。

(3)采取不同的方式同客户沟通交流和搞好服务信息反馈工作。

3. 公司经理对员工的承诺

(1)为员工创造好的工作环境,为充装人员创造安全文明的生产环境。

(2)为充装人员发放劳动保护用品和配备好应急救援器具。

(3)保证员工的工资福利等待遇。

(二)公司的质量方针和质量目标

由企业确定具体质量方针内容和具体质量目标内容。

(1)经理将质量方针和质量目标在全公司员工会上进行宣贯,使每一个员工充分理解质量方针,并在各自的岗位上遵照执行。

(2)保证气瓶充装质量符合国家相关法规标准规定。

(3)用户至上,强化服务,做好用户服务信息反馈,听取用户意见,及时改进不足。

(4)气瓶充装前后检查及充装记录及时按规定逐瓶填写和签署。

(三)组织机构

绘制设置合理、关系明确的组织机构图。

正式任命责任人员,要求责任人员学习和熟悉充装相关法规、规章、安全技术规范、标准,并能认真履行其职责。

(四)各责任人员的岗位职责

1. 经理

(1)负责公司的全面行政管理工作,组织全公司职工完成生产、经营等各项任务,做好思想工作。

(2)负责气瓶充装厂房、场地、充装设备仪表工器具的完善及人力资源的调配以满足充装工作需要。

(3)贯彻执行国家、省、市等上级关于气瓶充装方面的有关规程和标准。

(4)组织职工安全文明生产,遇到事故果断处理,并及时上报上级有关部门,对全公司的安全生产负全责。

(5)主持开好公司办公会、生产会、安全质量事故分析会,并做好各项原始记录。

(6)接受省、市质量技术监督部门监督检查,并定期汇报工作。

(7)副经理协助经理工作,分管部分具体工作。

2. 技术负责人

对本公司的充装工艺技术等日常工作实行统一管理,全面负责。

(1)负责解决处理公司气瓶充装的技术问题。

(2)负责充装前后检查及充装记录表的审核签字,交检查员整理后交档案资料员归档。

(3)负责主持事故的调查分析。

(4)技术规程、负责标准等技术文件的收集及贯彻实施。

(5)负责组织业务学习和考核。

(6)负责编制、贯彻实施质量手册,对手册内容有解释权、修改权。

3. 充装前后检查员

(1)负责按《××××充装规定》(以下简称《充装规定》)对待检气瓶逐一逐项作充装前检查,对经检查不合格的气瓶负责放不合格区安排处理,合格瓶及处理后合格瓶放待充气瓶区。

(2)负责对充装后气瓶按《充装规定》逐项检查并坚持做到不合格瓶不出公司的原则。

(3)对检查合格的重瓶逐一登记,并粘贴气体充装标签(产品合格证)及气瓶警示标签(对保持完好的可不再粘贴),并放气瓶重瓶区。

(4)认真填写充装前后检查记录并签字。

4. 充装员

(1)确认待充装气瓶已做充装前检查合格。

(2)负责按《充装规定》要求,做充装准备工作及上充装台。

(3)负责按《充装规定》和充装安全操作规程进行正确的气体充装工作,做好充装过程检查和保证充装符合工艺要求。

(4)负责认真填写充装记录并签字。

5. 安全员

(1)在经理的领导下,负责该公司安全生产监督检查管理及其他业务。

(2)组织公司人员的安全教育,做好安全巡回检查和逐项填写安全巡回检查记录。

(3)对充装各环节的安全给予监督检查和指导,并有权令不安全操作人员停止工作并及时报经理处理。

(4)负责对全公司消防器材按规定进行更换,对全公司消防器材的完好负责。

6. 气瓶附件检修员

(1)对有问题的空瓶或充装过程中发现故障的气瓶附件进行修理或更换,使之符合充装要求。

(2)不能维修的气瓶放待检验区集中送检验单位检验。

(3)对气瓶附件的修理、更换质量负责。

(4)负责对更换瓶阀气瓶在首次充装时进行密封性试验。

7. 化验员

(1)定期按化验操作规程进行各项化验分析,做到认真准确,对化验结果的正确性负责。

(2)填写化验分析报告单,并将结果及时通知技术负责人。

(3)严格管理和保管好化学药品、试剂。

(4)负责化验设备、仪器的使用保养,并搞好场地卫生。

(5)协助检查员搞好气瓶充装质量的抽检工作。

8. 收发员

(1)负责充装后合格气瓶的入库和空、重瓶的收发及其管理工作,并认真进行登记造册,确保账、物相符。

(2)每月底前统计出收、发瓶数,上报会计处。

(3)负责外来人员的接待、登记和入公司前的安全常识教育。

(4)接待用户要做到热情、耐心、文明,认真解答用户提出的各项问题,为用户服务好。

(5)负责收集用户关于充装质量问题的反馈信息,并按时上报有关领导。

9. 装卸搬运人员

(1)经过技术和安全知识培训后方可上岗。

(2)负责气瓶充装重瓶的装车和空瓶的卸车工作。

(3)负责原材料的装卸搬运工作。

(4)严格执行安全操作规程和注意事项,确保装卸搬运工作安全。

五、资源管理

(一)资源提供

经理明确提出及时提供资源的承诺,资源是保证质量管理体系有效持续运转,确保气瓶充装质量,满足法律法规、管理制度及客户要求的必要条件。

(二)人力资源

(1)经理(站长)熟悉气瓶充装安全管理相关的法规,取得具有充装作业的《特种设备作业人员证》。

(2)技术负责人熟悉气瓶充装的法规、安全技术规范及专业技术知识,具有工程师任职资格。

(3)气瓶充装员、检查员每班不少于2人,且取得具有充装作业项目的《特种设备作业人员证》。

(4)安全员需经过相关安全技术知识培训,熟悉安全和技术要求。

(5)化验员、附件检修员应经过技术和安全培训。

(6)气瓶收发、装卸、搬运人员应经过技术安全培训。

(7)为了保证人力资源满足充装需求和足够的技术力量,技术负责人根据气瓶充装业务的发展变化、人员流动情况等应及时向经理提出合理的人力资源配置计划。

(8)对外聘人员应按规定同应聘人员签订劳动合同,并保证其合法权益。

(三)基础设施

(1)气瓶充装厂房、厂地、设备、消防安全设施、工器具等应符合《××××气瓶充装站安全技术条件》和《气瓶充装许可规则》的规定。

(2)气瓶充装设备、装置、工器具等的数量、性能、完好程度等方面应能满足充装气瓶数量和充装质量的需要。

(3)充装设备应建立台账、设备档案,设备应挂牌实行专管。

(4)拥有自有产权的气瓶数量应符合规定并办理注册登记证,建立气瓶台账、档案,并实行计算机管理。

(5)技术负责人应对设备、原材料、零配件等的采购、验收、配置、设备的运行保养负责,分管设备的充装人员负责设备的日常维护管理。

(6)拥有相关的气瓶充装法规标准资料和满足气瓶充装需要的各项管理制度以及充装前后检查及充装记录等相关记录表卡。

(四)工作环境

技术负责人识别并管理为实现气瓶充装质量、数量所需的工作环境。负责确定并由经理提供所必需的基础设施,设置安全警示标志和区域划分标识,创造良好的工作环境。

(1)配置适用气瓶充装作业的厂房、场地、电器设备,并符合防火、防爆、防静电、防暴晒和环保要求,配置必需的通风、除尘、消防器材、应急救援器具,保持符合充装需要的湿度、温度和职业卫生安全劳动保护的要求。经消防检查合格和防雷电、防静电检测合格。

(2)确保员工气瓶充装符合劳动法和安全法规的要求。

六、气瓶充装实现

(1)同客户签订气瓶充装服务合同,明确合同双方的义务,公司为客户承诺充装的气瓶合格,所充×××气质量合格,压力、重量在规定范围内,并保证及时供货。

(2)对无自有瓶及有自有瓶经产权转移后的客户,收取气瓶保证金后免费使用气瓶。

(3)由持《特种设备作业人员证》的充装前后检查员对气瓶按要求逐项进行充装前检查。

(4)由持《特种设备作业人员证》的充装员对确认合格后的气瓶上充装台进行充装,并认真做好充装过程检查,保证充装温度、充装压力、流速、重量和静止(充装乙炔时)时间符合充装规定。

(5)检查员对经静止(充装乙炔时)后第二次充装后的气瓶进行充装后的检查和称重,充装后合格的气瓶粘贴充装标签(合格证)和警示标签。

(6)充装过程中严格按操作规程操作,并有安全员作巡回安全检查。

(7)充装的气瓶都必须符合气瓶相关规定并办理了气瓶使用登记证。

(8)认真填写充装前后检查及充装记录并做到项目齐全、签署完备和归档。

七、内部审核

为了通过自查找出内部质量管理体系存在的问题,及时纠正和定出预防措施,确保质量体系的正常运转,决定每年进行一次内部审核工作,具体按"内审检查表"进行现场审核,将体系运行等审核情况及结果详细记录在检查表中。

(一)内审员组成与要求

内审员的条件和要求如下:①经过内部培训学习,熟悉内审程序、范围、内容、方法等方面的知识;②内审员要公正、客观地对待查出的问题;③技术负责人任评审组长。

内审员由技术负责人、主管副经理和检查员代表组成。

(二)内部审核程序

(1)首次会议由内审组长主持,参加会议人员有公司领导、内审组成员及相关人员,与会者签到,并做好会议记录。

会议内容为:由组长介绍内审目的、范围、依据、方式、组员和内审日程安排及其他有关事项。

(2)现场审核。根据《内审检查表》进行审查并逐项详细记录;内审组长召开内审员会议,沟通审核情况,对不合格项目进行核对。

(3)审核报告。现场审核后,内审组长召开内审组会议确认不合格项,相关部门人员分析原因,制定纠正措施,并做实施验证和得出结果。

现场审核一周内,审核组长完成《内部质量管理体系审核报告》交经理批准。

(4)审核报告内容:①审核目的、范围、方法和依据;②内审组成员、受审核方代表名单;③审核计划实施情况总结;④不合格及存在问题的分析;⑤对公司质量管理体系有效性、符合性结论及今后改进的地方。

(5)末次会议由审核组长主持。

参加人员有公司领导、内审组成员及相关人员,与会者签到,会议记录归档。

会议内容为:内审组长宣读审核项目不合格报告,提出完成纠正措施的要求及日期。公司经理讲话。本次内审结果及审核报告要提交公司审核。

(三)质量记录

需填写以下表单:《内审检查表》、《内部质量管理体系审核报告》、《内审首(末)次会议签到表》。

八、质量管理体系分析与改进

公司应确定收集和分析适当的数据,以证实质量管理体系的适宜性和有效性,并且评价在可以持续改进体系的有效性。

(1)数据分析应当提供以下有关方面的信息:①客户满意情况;②与气瓶充装所执行法规、技术规范、标准的符合性;③气瓶充装质量和安全的特性及趋势,包括所采取的预防措施;④服务方和供应方。

(2)应当利用质量方针、质量目标、内部或者外部审核结果、数据分析、纠正和预防措施,持续改进体系的有效性。

(3)应当采取纠正措施,以便在确认了不符合工作、质量管理体系或者技术运作偏离了其制度和程序实施纠正,以消除不符合原因,防止不符合的再发生。①评审不符合(包括投诉);②确定不符合的根本原因;③评价确保不符合不再发生的纠正措施的要求;④确定和实施所需的纠正措施;⑤记录所采取措施的结果;⑥评审所采取的纠正措施,对纠正措施的结果进行监控,以确保所采取的纠正措施是有效的。

(4)采取有力的预防措施,以消除潜在不符合的原因,防止不符合的发生。①确定潜在不符合及其原因和所需要改进的地方;②评价防止不符合发生的预防措施的需求以减少类似不符合情况发生的可能性;③确定和实施所需的预防措施;④记录所采取措施的结果;⑤评审所采取的预防措施,以确保其有效性。

第四节　管理制度、操作规程的编制

一、各项管理制度编制的要点

(一)气瓶建档、标识、定期检验和维护保养制度
(1)建档及气瓶档案的内容,气瓶台账及计算机管理内容。
(2)气瓶标识及标识完善的内容。
(3)气瓶检验周期规定、定期检验及其安排。
(4)气瓶维护保养内容。

(二)安全管理制度(包括安全教育、安全生产、安全检查等内容)
(1)安全教育计划、内容及其负责人做好培训教育记录。
(2)设备完好保证,穿好劳动防护用品,认真执行安全操作规程,维护保养责任人。
(3)安全检查时间、内容及负责人,做好检查记录。
(4)安全评价及其奖惩办法。

(三)用户信息反馈制度
(1)信息来源形式、信息处理与回复。
(2)填写信息处理表并由相关人员签字。
(3)采取走访用户,开座谈会、联谊会等形式做好服务。

(四)压力容器、压力管道等特种设备的使用管理以及定期检验制度
(1)办理使用登记证。
(2)制定安全操作规程。
(3)操作人员应持《特种设备作业人员证》。
(4)制定定期检验计划及定期检验实施。
(5)安全附件校验规定。
(6)日常维护保养要求。

（五）设备、计量器具与仪器仪表校验管理制度

(1)设备、仪表、工器具的采购、入库、发放管理要求。

(2)明确负责建立台账、档案的管理部门和责任人。

(3)选用要求。

(4)定期检验和校验规定。

(5)设备操作规程应上墙并挂牌实行专人管理。

(6)设备牌子上内容要求。

(7)设备的检修及报废内容。

（六）气瓶检查登记制度

(1)明确收发登记责任人。

(2)记录表卡项目及填写要求。

(3)填写哪些内容。

(4)收发人员核查签字。

(5)为财务结算提供数据。

(6)注意事项。

（七）气瓶储存、发送制度（例如配带瓶帽、防震圈等）

(1)对气瓶及其放置要求。

(2)气瓶储存数量要求。

(3)对气瓶储存安全要求,对可燃气体瓶库应装设可燃气体检测探头。

(4)气瓶发放规定。

(5)对气瓶发放的安全要求(配带瓶帽、防震圈等)。

（八）资料保管制度（例如充装资料、气瓶档案、设备档案等）

(1)明确何部门何人管理。

(2)归档范围与要求。

(3)档案整理责任人及归档时间要求。

(4)借阅规定。

(5)损坏、丢失处理规定。

（九）不合格气瓶处理制度

(1)如何确认不合格瓶。

(2)不合格瓶的堆放区应有标识。

(3)不合格瓶的处理时间及处理方法。

（十）各类人员培训考核制度

(1)培训责任人、培训对象。

(2)培训单位和时间。

(3)对本单位的培训要求。

(4)对培训后的考核办法。

(5)培训记录,应写明培训时间、地点、内容、讲授人等。

(十一)用户宣传教育及服务制度

(1)宣传的时间及内容。

(2)印制宣传资料发给用户。

(3)打电话及发信函。

(4)走访用户听取意见与要求。

(5)开座谈会、联谊会。

(十二)事故上报制度

(1)事故上报依据。

(2)事故上报程序及方法。

(3)事故上报的内容。

(4)对事故的处理程序。

(5)注意事项。

(十三)事故应急救援预案定期演练制度

(1)演练计划与时间安排。

(2)模拟事故类型的选择。

(3)按预案进行实施演练。

(4)做好总结与演练记录。

(十四)接受安全监察的管理制度

(1)应接受哪些安全监察部门监察。

(2)监察的内容和范围。

(3)参加监察部门的会议及培训学习。

(4)本单位如何接受安全监察。

(5)按规定上报气瓶充装统计报表。

(十五)防火、防爆、防静电安全管理制度。

(1)充装厂房、场地及设备布置必须符合相关法规、规范规定。

(2)设立明显安全标识,如严禁烟火、严禁火种带入站内及进站须知等。

(3)电动机、电器开关、电线、排风扇等应是防爆的。

(4)消防水池、消防器材配置应符合规定。

(5)须消防检查合格,定期进行消防演练。

(6)按规定每年至少进行一次防雷电、防静电检测,并有其检测报告。

(7)可燃气体检测仪探头数量和布置位置符合规定,并按规定校验和保证其灵敏可靠。

二、安全技术操作规程编制的要点

(一)瓶内残液残气处理操作规程

(1)处理的目的和原理。

(2)处理方法和处理程序。

(3)应具备的设备装置。

(4)合格标准。

(5)注意事项。

(二)气瓶充装前后检查操作规程

(1)由持证检查员负责检查。

(2)充装前检查程序和内容。

(3)充装后检查程序和内容。

(4)检查合格瓶分别放置在待充区和合格重瓶区。

(5)对合格重瓶粘贴警示和充装标签。

(6)填写检查记录并签字。

(三)气瓶充装操作规程

(1)采用的充装方法及操作程序。

(2)最大充装压力。

(3)符合标准的充装重量范围。

(4)计算丙酮补加量和补加丙酮。

(5)确认检查合格瓶登记、称重后上充装台。

(6)第一次充装时间、重量及静止时间(充装溶解乙炔)。

(7)第二次充装时间及充装后称重检查(充装溶解乙炔)。

(8)瓶内压力及质量抽查。

(9)合格重瓶张贴警示标签和充装标签。

(四)气体分析操作规程

(1)检验项目和检验标准。

(2)分析用仪器、仪表及化学试剂。

(3)分析测定原理及分析测定步骤。

(4)分析测定数据处理及出具分析报告。

(5)注意事项。

(五)压力容器操作规程

(1)设备的主要工作原理、结构特点、工艺参数。

(2)主要操作程序和操作步骤,如开停机等。

(3)操作安全注意事项。

(4)维护保养要求。

(5)常见故障及其排除方法。

(6)设备要求办理注册登记证的要按规定办理。

(7)设备的定期检验和安全附件定期校验的规定。

(六)压缩机操作规程

同上。

(七)事故应急处理操作规程

(1)确认事故性质,启动应急救援预案。

(2)安排人员保护现场。

(3)组织好救援人员按预案抢险。

(4)按程序电话通知消防等上级有关部门。

(5)通知"120"做好医务救援。

(6)做好善后处理工作。

(八)真空泵操作规程

(1)真空泵的结构与工作原理,维护保养要求。

(2)真空泵的操作程序。

(3)真空泵的合格标准。

(4)注意事项。

附录1　CNG气瓶检验质量手册

×××××气瓶检测有限公司

质　量　手　册

（含程序文件）

第×版

受控状态：受控

编　　制：×××

审　　核：×××

批　　准：×××

发放日期：××××年××月××日

生效日期：××××年××月××日

发放号码：××××

《质量手册》说明

1. 手册内容

本手册系依据《特种设备检验检测机构质量管理体系要求》和 ISO9001—2000《质量管理体系—要求》结合本公司实际情况编制而成。包括：

(1)公司质量管理体系的范围，它包括了《特种设备检验检测机构质量管理体系要求》的全部要求和 ISO9001—2000《质量管理体系——要求》的部分要求。

(2)质量管理的相关标准和公司质量管理体系的要求所制定的所有程序文件。

(3)对质量管理体系所包括的过程顺序和相互作用的表述。

2. 本公司质量手册的使用：公司(供方)→组织→客户。

3. 本手册为公司的受控文件，由最高管理者(经理或站长)批准颁布执行，由办公室发放。手册管理的所有相关事宜由办公室统一负责，未经管理者代表(技术负责人)批准任何人不得将手册提供给公司以外人员，手册持有者调离工作岗位时，应将手册交还办公室，办理核收登记手续。

4. 手册由办公室安排人员起草编制，由管理者代表(兼技术负责人)审核，由最高管理者(经理)批准。

5. 手册持有者应妥善保管，不得损坏、丢失和随意涂抹。

6. 在手册使用期间，如有修改建议，由办公室负责收集汇总意见，并对手册的适应性、有效性进行评审，必要时对手册予以修改，并执行《文件控制程序》的有关规定。

颁 布 令

本公司依据《特种设备检验检测机构质量管理体系要求》编制成了《质量手册》第×版,现予以批准颁布实施,本手册是公司质量管理体系的法规性文件,是指导全公司适应并实施质量体系的纲领和行动准则。具体由技术负责人负责组织实施,公司全体员工必须遵照执行。

经理(签字):

×××× 年 ×× 月 ×× 日

××××× 气瓶检测有限公司文件

××瓶检字[×××××]××号　　　　　签发人:×××

★

关于对×××同志任命的通知

公司各部门:

　　为了贯彻执行《特种设备检验检测机构质量管理体系要求》,加强对质量管理体系运行的领导,特任命×××同志为我公司的管理者代表兼技术负责人和质量负责人。

××××× 气瓶检测有限公司

××××年××月××日

×××××气瓶检测有限公司文件

××瓶检字[××××]××号 　　　　签发人:×××

★

关于颁布公司质量方针、质量目标的通知

公司各部门:

　　为了公司的持续发展,确保气瓶检验质量和安全,经公司办公会研究通过公司质量方针、质量目标现予以颁布,公司全体员工必须认真贯彻执行。

　　质量方针:用户至上、强化控制、全员管理、争创一流。

　　质量目标:检验质量合格率100%、安全检验100%、用户满意率95%、检验记录报告合格率100%。

　　　　　　　　　　　　　×××××气瓶检测有限公司

　　　　　　　　　　　　　××××年××月××日

公 司 概 况

1．×××××气瓶检测有限公司 CNG 检验站于×××年××月建成。××××年××月开始试检钢瓶,企业性质为有限责任制,经理是企业法人。位于××市××路××号。

2．本站现有固定资产×××万元,占地面积××××平方米,检验车间面积×××平方米,办公室面积××平方米。有气瓶水压试验机、气密试验机、钢瓶除锈机、瓶阀装卸机、磁粉探伤仪、超声波测厚仪、真空泵、空气压缩机蒸汽吹扫装置等检验、检测设备、装置、仪表工器具××台(套)。年检验能力×万只。

3．公司从事 CNP 检验职工××人,其中经理 1 人、副经理×人,技术负责人 1 人(兼质量负责人)具有高级工程师职称,并持有气瓶检验员证。有持证检验员×人(其中 1 人兼安全员、1 人兼档案资料员微机操作员),操作员×人。

4．已编制公司《质量手册》任命了各级责任人员,制定了质量体系程序文件、作业指导书,建立了各类人员岗位职责与权限,制定了各项管理制度,制定了设备操作规程按规定绘制了质量管理组织机构图、质量管理体系图、检验工艺流程图,建立了质量管理体系并已正常运转。

5．已编制气瓶检验工艺,其工艺项目齐全,内容要求具体,评定指标清楚,可操作性强,能适应检验工作需要和保证检验工作质量。

6．公司电话:××××××××;传真:×××××××××。

CNG 气瓶检验质量手册

1 适用范围

1.1 总则

为保证气瓶检验质量和检验安全,为用户提供优质服务,公司依据《特种设备安全监察条例》、《特种设备检验检测机构管理规定》、《气瓶安全监察规定》、《特种设备检验检测机构质量管理体系要求》的规定,参照 GB/T19000—2000 系列标准,结合我公司的性质、业务种类、规模、组织、结构特点等实际情况,编制了公司气瓶检验《质量手册》(以下简称手册),手册规定了我公司质量管理体系的具体要求,以证实我公司有能力稳定地提供符合有关法律、法规、规章、安全技术规范、标准要求的气瓶检验服务。气瓶检验质量,通过质量管理体系的有效运行和过程的持续改进以保证所从事的气瓶检验服务,气瓶检验活动符合法律、规范以及政府和用户的要求。

本手册用于国家质量监督检验检疫总局对我公司核准的 CNG 气瓶检验许可活动。

1.2 气瓶检验范围

CNG 系列气瓶定期检验与评定。

2 依据的法律、法规、规章和技术规范、标准

(1)国务院[2003]第 373 号令《特种设备安全监察条例》

(2)TSG2002—2004《特种设备检验检测机构管理规定》

(3)TSG2003—2004《特种设备检验检测机构质量管理体系要求》

(4)国家质监总局第 46 号令《气瓶安全监察规定》

(5)2000 版《气瓶安全监察规程》

(6)GB19533—2004《汽车用压缩天然气钢瓶定期检验与评定》

(7)Q/JBTHB010—2006《汽车用压缩天然气钢瓶内胆环向缠绕气瓶定期检验与评定》

(8)GB/T9251—1997《气瓶水压试验方法》

(9)GB12137—1989《气瓶气密性试验方法》

(10)GB17258—1998《汽车用压缩天然气钢瓶》

(11)GB17926—1999《车用压缩天然气瓶阀》

(12)GB7144—1999《气瓶颜色标记》

3 术语和定义

本手册采用 TSG2003—2004《特种设备检验检测机构质量管理体系要求》、GB/T19001—2000idtISO9001:2000《管理体系要求》、GB/T19000《质量管理体系基础和术语》给出的术语定义,具体使用现有的通用的概念、术语和定义。

3.1 最高管理者,指从事气瓶检验公司的经理或站长。

3.2 管理者代表,指最高管理者委托负责质量管理体系全面工作的负责人。

3.3 客户,指用户,即本公司服务的对象。

3.4 分供方,指气瓶检验用相关材料、设备、仪器、工器具等供应方。除以上术语和定义以外,还采用以下术语和定义。

3.5 特种设备,是指涉及生命和财产安全、危险性较大的锅炉、压力容器(含气瓶)等。

3.6 特种设备检验检测,是指对特种设备产品、部件制造过程进行的监督检验和对在用特种设备进行的定期检验等。

3.7 法定检验,是指按照国家法规和安全技术规范对特种设备强制进行的监督检验、定期检验和型式试验。

3.8 特种设备检验检测机构,是指从事特种设备检验检测的机构(以下简称检验检测机构),包括综合检验机构、型式试验机构、无损检测机构和气瓶检验机构。

3.9 分包,是指将特种设备检验检测工作中的无损检测等专项检验检测项目委托其他机构承担。

4 质量管理体系

4.1 基本要求

4.1.1 按照《特种设备安全监察条例》、《特种设备检验检测机构管理规定》、《特种设备检验检测机构质量管理体系要求》等的规定,我公司建立与本机构的性质、业务种类、规模、组织、机构特点相适应的质量管理体系。质量管理体系建立在气瓶检验、检验质量控制系统的基础上,并配备相应技术负责人、质量负责人及气瓶检验员。

4.1.2 质量管理体系中的管理者代表(技术负责人兼)由经理任命,质量负责人由主管副经理提名,经理批准任命。气瓶检验员由技术负责人提名,主管副经理批准任命。

4.1.3 专业技术力量

4.1.3.1 检验站负责人,应是专业技术人员,有较强的管理水平和组织领导能力,熟悉气瓶检验的相关法律、法规和检验业务。

4.1.3.2 技术负责人,应取得气瓶检验员证书或压力容器检验师资格,并有相关专业工程师职称。

4.1.3.3 质量负责人,有相关专业助理工程师或者相关项目检验员以上资格,从事气瓶行业相关工作5年以上,熟悉质量管理工作,具有岗位需要的业务水平和组织能力。

4.1.3.4 气瓶检验员,应有持气瓶检验员证的检验员不少于2名。

4.1.3.5 操作人员和气瓶附件维修人员,经业务培训与检验工作相适应。

4.1.4 为了使质量管理体系有效运行,应做到以下几点。

4.1.4.1 各负责人员按照质量管理体系的分工履行各自职责。

4.1.4.2 检验员按照检验工艺进行检验与评定,做到检验记录项目齐全,检验报告填写清楚完整,签署完备。

4.1.4.3 制定各项管理制度,并严格贯彻执行。

4.1.5 质量管理体系的运行与监督

本公司质量管理体系由组织系统、法规系统、控制系统组成。

4.1.6　质量管理体系的组织系统由各责任人的岗位责任制来保证。

质量管理体系的法规系统由相关最新规程、规范、标准作保证。

质量管理体系的控制系统由本手册各项管理制度以及工作标准作保证。

4.1.7　本公司质量管理体系实行经理、技术负责人、检验员和操作员三级负责制。

4.1.8　质量管理体系由经理外聘专家、技术负责人和特邀市特种设备处的专家参加对其实行监督检查,保证其有效运行。

4.2　质量管理体系文件类别

4.2.1　质量方针和质量目标

4.2.2　质量手册

4.2.3　程序文件目录,见附件2。

4.2.4　作业指导书,见附件4。

4.2.5　各项管理制度,见附件5。

4.2.6　质量记录,见附件6。

4.2.7　国家有关气瓶定期检验与评定的法规、规范、标准以及政府相关部门的文函通知目录,见附件7。

4.3　质量手册

4.4　程序文件

4.5　文件控制程序

4.5.1　目的

对于质量管理体系有关的文件进行控制,确保各相关场所使用的文件为有效版本。

4.5.2　范围

适用于与质量管理体系有关的文件控制。

4.5.3　职责

4.5.3.1　经理负责手册的批准颁布。

4.5.3.2　技术负责人负责质量手册的编制和宣贯。

4.5.3.3　各部门负责使用和管理。

4.5.3.4　档案资料员负责质量管理体系有关文件的收集、整理和归档。

4.5.4　文件的编制、批准、发布和配备。

4.5.4.1　质量管理体系文件发布前必须经过公司经理批准,以保证文件是充分的、适宜的。

《质量手册》及其相关程序文件按《质量手册》的规定编制修订、审批和管理,《质量手册》由技术负责人编制、公司主管副经理主审,公司经理批准后发布实施。由技术负责人归口管理。

4.5.4.2　由公司气瓶检验技术负责人向有关人员宣贯《质量手册》和传达气瓶检验执行的法规、规章、技术规范和技术标准,并予配备。

4.5.5　文件的评审与更新

4.5.5.1　当需要时(例如内部机构变动、法规标准修订、气瓶检验技术要求发生变化等),

应对文件进行评审、更新和再次批准。当发现经批准实施的文件有错误或不适宜时应进行更改。

4.5.5.2 更改时应该在更改、更新文件中标明现行修订状态，各类文件的更新和修订状态使用适当的办法，如文件清单、修订一览表进行识别。

4.5.6 文件的作废和处理

由公司气瓶检验技术负责人负责及时收回、撤换失效和作废的文件并予以销毁处理，当有必要保留时就在失效和作废的文件封面上盖"作废"章予以标识，并登记存档。

4.5.7 相关文件

《质量记录控制程序》

4.5.8 质量记录

4.5.8.1 《文件领用登记表》

4.5.8.2 《文件更改通知单》

4.5.8.3 《文件留用销毁申请单》

4.5.8.4 《文件归档登记表》

4.5.8.5 《文件借阅登记表》

4.6 质量记录控制程序

对记录(包括存在于计算机系统中的记录)的填写、标识收集、检索、存取、存档、保存期限和处置的要求，应按照文件控制程序规定，气瓶检验记录、报告、判废通知书，格式按照法规、安全技术规范的规定或省统一规定由公司统一印制，记录报告项目应规范齐全，按质量控制程序进行审核、签发。质量记录还应当包括内部审核和管理评审的报告以及纠正和预防措施等，记录应满足质量管理体系运行控制需要。

4.6.1 目的：对质量管理体系所要求的记录予以控制。

4.6.2 范围：适用于证明气瓶检验符合要求和质量管理体系有效运行的记录。

4.6.3 职责

4.6.3.1 质量负责人负责监督、管理各部门的质量记录。

4.6.3.2 档案资料员负责收集、整理、保管本公司的质量记录。

4.6.4 程序

4.6.4.1 质量记录的标识编写按《文件控制程序》执行。

4.6.4.2 质量记录填写要及时、真实、内容完整、清晰，不得漏项和随意涂改；各相关栏目负责人签名不允许空白。

4.6.4.3 内审报告、管理评审报告、气瓶检验报告和气瓶判废通知书，由技术负责人审签。

4.6.4.4 如因笔误或计算错误要修改原数据，应在其上方写上更改后的数据，加盖上更改人的印章或签名及日期。

4.6.4.5 档案资料员必须把所有质量记录分类，依编号或时间顺序整理好，归档存放。

4.6.4.6 质量记录的借阅或复制需经技术负责人批准，在档案资料室办理借阅手续。

4.6.4.7 质量记录的销毁处理

质量记录如超过保存期或其他特种情况需要销毁，由档案资料员提供清单，技术负责人批准,由受权人执行销毁。

4.6.4.8 记录格式由公司统一印制。

4.6.5 相关文件

《文件控制程序》

4.6.6 质量记录

4.6.6.1 《文件发放回收记录》

4.6.6.2 《文件借阅复制记录》

4.6.6.3 《文件留用销毁申请单》

5 管理职责

5.1 管理承诺

公司经理应当通过以下活动体现其检验检测服务满足《质量管理体系要求》的承诺。

5.1.1 向公司全体员工传达遵守国家有关气瓶检验方面相关法规、规章、安全技术规范和认真履行这些法规、标准所赋予的职责,满足政府和接受用户要求的重要性。

5.1.2 完成质监部门确定的气瓶检验任务,并接受各级质监部门的监督与管理。

5.1.3 在确定的气瓶检验范围内从事法定气瓶检验工作。

5.1.4 制定质量方针和质量目标。

5.1.5 建立质量管理体系,并确保其有效运转和持续改进。

5.1.6 在核准的范围内从事法定气瓶检验工作。

5.1.6.1 保证质量,保证气瓶检验符合气瓶检验相关法规标准的要求。

5.1.6.2 保证检验约定,按照双方约定气瓶检验完成时间完成气瓶检验工作,并及时出具检验报告和判废通知书。

5.1.6.3 保证气瓶检验过程中获得的商业、技术信息保密,使这些商业、技术信息的所有权受到保护。

5.1.7 做好质量信息反馈工作。

5.1.8 按照规定和计划实施管理评审。

5.1.9 确保气瓶检验活动获得必要的资源。

5.1.10 严格按国家各级政府核准的收费项目和收费标准进行收费。

5.1.11 以增强政府和客户的满意度为管理目标,以保证气瓶检验质量和确保气瓶的安全使用为目的。

5.2 质量方针和质量目标

5.2.1 质量方针:用户至上、强化控制、全员管理、争创一流。

5.2.1.1 经理将质量方针在全公司会上进行传达,使全体员工充分理解质量方针,并在各自岗位上遵照执行。

5.2.1.2 主管副经理负责落实质量方针的执行情况,并负责传达到每一位员工。

5.2.2 质量目标

检验质量合格率100%、安全检验100%、用户满意率95%、检验记录报告合格率100%。

5.2.2.1 保证气瓶检验质量应符合相关国家法规标准及检验工艺程序,气瓶检验中的相关数据 100% 的准确,对缺陷的定性、定量 100% 的准确,能保证检验质量合格率达到 100%。安全员巡回检查,检验员、操作员严格按规定进行检验,按安全操作规程操作,并按规定开好安全会等来保证安全检验 100%。

5.2.2.2 用户至上,强化服务,做好用户服务信息反馈,走访用户,经常听取用户意见,及时改进不足,保证用户满意率达 95% 以上,满意率每年提升 1%,最终达到 100%。

5.2.2.3 气瓶检验记录、报告及时按规定瓶瓶填写和签署,保证做到检验记录报告合格率 100%。

5.3 组织机构

根据本公司规模不大的实际情况,经理为最高管理者,由经理任命管理者代表(技术负责人兼),将行政组织机构和质量控制系统的组织机构合二为一,实行正副经理、技术负责人(兼质量负责人)和检验员、相关人员的组织机构形式。组织机构图见附件1。

5.4 职责、权限和沟通

5.4.1 职责、权限

5.4.1.1 公司经理职责、权限

5.4.1.1.1 经理是公司法人代表,对钢瓶检验负行政责任和法律责任。

5.4.1.1.2 贯彻执行国家、省、市等上级关于钢瓶检验方面的有关规程、规范和标准。

5.4.1.1.3 负责公司质量方针、质量目标的制定。

5.4.1.1.4 负责质量管理体系的建立和完善,并在全部管理工作中建立与质量管理体系相适应的组织机构,配备必要的资源。

5.4.1.1.5 负责《质量手册》的研究批准和签发《质量手册》颁布令文件。

5.4.1.1.6 负责技术负责人(兼管理者代表)、质量负责人、检验员任命文件的签发。

5.4.1.1.7 负责 CNG 检验的全面行政管理工作,组织员工完成钢瓶检验任务,做好员工思想工作。

5.4.1.1.8 组织员工安全文明生产,对全公司的安全生产负全责。

5.4.1.1.9 有权对一贯重视检验质量和对气瓶检验有较大贡献的优秀人员给予物质和精神奖励;对违规、违纪造成检验质量事故,给公司造成较大损失的人员,有权扣发工资、索赔损失直至解除劳动合同。

5.4.1.1.10 组织好每年的管理评审。

5.4.1.1.11 接受省市质量技术监督部门的监督,并定期汇报工作。

5.4.1.1.12 副经理协助经理抓好日常检验工作。

5.4.1.2 技术负责人职责、权限

5.4.1.2.1 负责气瓶检验的技术工作,处理检验中的工艺技术问题。

5.4.1.2.2 负责有关法规、标准的收集及贯彻执行。

5.4.1.2.3 负责《质量手册》的编制和贯彻实施,对《质量手册》的内容有解释权、修改权。

5.4.1.2.4 协助经理制定公司质量方针和质量目标。

5.4.1.2.5 协助经理建立完善质量管理体系,负责并协调质量管理体系各系统的工作,确保质量管理体系的正常运行。

5.4.1.2.6　负责制定和贯彻执行气瓶检验工艺,监督指导检验人员按规定检验,对气瓶检验工作质量负责。

5.4.1.2.7　负责检验设备、仪器、仪表的管理,提出设备维修计划和仪表器具的校验计划。对设备的良好和仪表器具的有效性负责。

5.4.1.2.8　负责气瓶检验报告及判废通知书的审核签字。

5.4.1.2.9　负责气瓶检验人员、操作人员的业务技术培训与考核,并做好记录。

5.4.1.3　质量负责人职责、权限

5.4.1.3.1　参与公司质量方针、质量目标的制定,并负责贯彻执行。

5.4.1.3.2　参与质量管理体系的建立,掌握质量管理体系运行情况,及时同技术负责人沟通,解决运行中出现的的问题,确保质量管理体系的正常运行。

5.4.1.3.3　监督检查气瓶检验人员是否按相关规定检验,检验记录报告是否及时填写,各种数据是否准确真实。如发现违规检验有权责令暂停检验并及时同技术负责人沟通解决,确保气瓶检验质量。

5.4.1.3.4　负责监督检查钢瓶检验后处理各项工作的质量,并对正确完好负责。

5.4.1.3.5　组织经理、技术负责人、外聘专家、市质监局专家每年一次对公司气瓶检验质量管理体系的监督检查。将检查出的问题和平时发现的问题及时同技术负责人研究,并提出改进各环节工作的措施,以保证质量体系更加持续有效地运行。

5.4.1.3.6　负责质量管理体系有相适宜的外部联络。

5.4.1.3.7　负责质量信息反馈的及时处理,并填写信息反馈记录表。

5.4.1.4　气瓶检验员职责、权限

5.4.1.4.1　严格按《汽车用压缩天然气钢瓶定期检验与评定》标准和检验工艺进行检验与评定。

5.4.1.4.2　能正确使用各种检验设备、仪器、仪表、工卡量具,对受检瓶的各种缺陷正确定性与测量评定,对检测数据的准确性负责,对检验质量评定结论负责。

5.4.1.4.3　认真填写检验记录表、检验报告和判废通知书,做到用语规范、字体清楚、公正正确,并在规定部位签字,对填写质量负责。

5.4.1.4.4　在无配套工器具、设备装置待修等不能保证检验安全和检验质量的工序,有权拒绝检验并报主管副经理处理。

5.4.1.4.5　对检验中的安全负责。

5.4.1.4.6　负责检验过程中的信息反馈。

5.4.1.4.7　对所负责设备做到"三懂"、"四会"。

5.4.1.4.8　负责所管设备的日常维护保养。

5.4.1.5　安全员职责、权限

5.4.1.5.1　做好检验现场的安全巡回检查、监督指导,对CNG检验的安全工作负责。

5.4.1.5.2　对违章操作有权制止,发现不安全隐患及时报告经理处理。

5.4.1.5.3　负责消防器械的检查与更换,对消防器材的完好负责。

5.4.1.5.4　负责事故的上报,参与事故调查。

5.4.1.5.5　负责季度、年度安全情况总结上报。

5.4.1.5.6 负责组织好安全教育会、安全总结全。

5.4.1.6 气瓶附件维修员职责、权限

5.4.1.6.1 应了解瓶阀的结构和工作原理。

5.4.1.6.2 用专用工具对瓶阀进行解体清洗,按规定进行检验。

5.4.1.6.3 领取质量合格的瓶阀易损件同合格阀体、阀杆等零件进行组装。

5.4.1.6.4 有权限拒绝领取和使用不合格或劣质的瓶阀易损件、零件等。

5.4.1.6.5 组装合格的瓶阀在试验台上进行三个状态的气密性试验。

5.4.1.6.6 对维修的气瓶阀等附件的质量负责。

5.4.1.6.7 对不需维修检验的报废瓶阀进行更换,对其更换质量负责。

5.4.1.7 档案资料微机员职责、权限

5.4.1.7.1 负责公司气瓶检验设备档案、检验记录、检验报告、气瓶判废通知书、报表、法规标准等资料及技术文件的及时收集整理归档。

5.4.1.7.2 负责档案资料的管理工作,对档案资料的齐全、完好负责。

5.4.1.7.3 负责档案资料的借阅和批准销毁资料的销毁工作。

5.4.1.7.4 负责微机的使用与管理,保证气瓶检验工作实行计算机管理。

5.4.1.7.5 有权制止未经领导批准动用操作微机。

5.4.1.7.6 对输入微机的资料数据等完整正确负责。

5.4.1.8 操作员职责权限

5.4.1.8.1 经过公司技术培训,熟悉钢瓶检验相关法规、标准及检验工艺程序。

5.4.1.8.2 熟悉检验设备的主要结构原理、操作规程,能熟练操作,并听从检验员的检验工作安排。

5.4.1.8.3 严格按操作规程认真操作设备,出现问题应立即报告检验员处理。

5.4.1.8.4 及时向技术负责人反映设备存在的问题,有权向检验员提出改进检验工作的合理化建议。

5.4.1.8.5 负责分管设备的清结卫生和日常维护保养工作。

5.4.1.8.6 有权制止未经批准的外来人员进入检验站及动用检验设备、工器具等。

5.4.2 内部沟通与顾客沟通

5.4.2.1 内部沟通

公司确保在不同层次和职能之间就质量管理体系的过程包括质量要求、质量方针、质量目标、完成情况以及实施的有效性进行沟通,达到相互了解、相互信任,实现全员参与的效果。

5.4.2.2 客户沟通

5.4.2.2.1 向外界推广介绍公司的质量政策、企业精神,展示公司的整体形象和持续满足顾客要求的能力。

5.4.2.2.2 确保所提供信息的真实性(公司概况、宣传广告资料等)。

5.4.2.2.3 客户沟通是一种双向交流,对客户的咨询或检验质量、气瓶的判废及完成时间变动及时与客户沟通。

5.4.2.2.4 客户关于气瓶检验质量及其服务方面的反馈信息的沟通。

5.4.2.3　沟通形式采用质量和安全例会、公告、公司概况、走访客户、座谈会、联谊会等。

5.5　管理评审程序

　　公司经理应按规定时间每年组织一次对质量体系进行管理评审。

5.5.1　目的：计划的时间间隔评审质量管理体系，以确保其持续改进的适宜性、充分性和有效性。

5.5.2　范围：适用于对公司质量管理体系的评审。

5.5.3　职责

5.5.3.1　经理主持管理评审活动。

5.5.3.2　技术负责人向经理报告质量管理体系运行情况，提出改进建议，提供相应的管理评审报告。

5.5.3.3　办公室负责评审计划的制定、发放。

5.5.3.4　各相关部门负责准备、提供本部门工作有关的评审所需的资料。

5.5.4　程序

5.5.4.1　管理评审安排

5.5.4.1.1　每年至少进行一次管理评审，可结合内审结果进行，也可根据需要安排。

5.5.4.1.2　办公室于每次管理评审前一个月同技术负责人商定计划安排，报经理批准。

5.5.4.2　管理评审输入

　　管理评审输入应包括以下方面有关的信息和改进的机会。

5.5.4.2.1　审核结果，包括内审和外审的结果。

5.5.4.2.2　客户反馈以及投诉与抱怨，包括满意与不满意及顾客对要求已满足的感受。

5.5.4.2.3　过程的业绩和气瓶检验的符合性，包括不同过程、达标的程序。

5.5.4.2.4　政府、质监部门的意见和要求以及对法规、安全技术规范要求的满足程度。

5.5.4.2.5　气瓶检验服务的质量和检验安全的状况。

5.5.4.2.6　改进、预防和纠正措施的状况。

5.5.4.2.7　可能影响质量管理体系的各种变化，包括内外环境的变化，如组织机构的变化及设备变化等。

5.5.4.2.8　质量管理体系运行状况，包括质量方针、质量目标的适宜性和有效性。

5.5.4.2.9　改进的建议，部门及员工所提的建议。

5.5.4.3　评审准备

　　预定评审前技术负责人汇报现阶段质量管理体系运行情况并提交本次评审计划安排，由经理批准。

5.5.4.4　管理评审会议

5.5.4.4.1　经理主持管理评审会议，技术负责人和有关人员对评审输入作出评价，或潜在的不合格项提出纠正和预防措施。确定责任人和整改时间。

5.5.4.4.2　经理对所涉及的评审内容作出结论(包括进一步调查、验证)。

5.5.4.5　管理评审输出

5.5.4.5.1　管理评审输出应包括以下方面有关的措施。

5.5.4.5.1.1　质量管理体系的有效性及其过程的改进，质量方针、质量目标、组织机构、过程控制等方面的评价。

5.5.4.5.1.2　政府、质监部门与顾客要求有关气瓶检验质量的改进。

5.5.4.5.1.3　资源提供的需求等。

5.5.4.5.2　会议结束后,由办公室根据管理评审输出要求进行总结,编写《管理评审报告》,经技术负责人审核,报经理批准,发到相应部门监督执行。本次管理评审的输出,可以作为下次管理评审输入。

5.5.4.6　改进、纠正、预防措施的实施和验证。

5.5.4.7　如果管理评审结果引起文件的更改应执行《文件控制程序》。

5.5.4.8　管理评审产生的相关质量记录应由办公室按《质量记录控制程序》保管。包括管理评审计划安排、评审前准备的评审资料、评审会议记录及管理评审报告等。

5.5.5　相关文件:

5.5.5.1　《内部审核程序》

5.5.5.2　《文件控制程序》

5.5.5.3　《质量记录控制程序》

5.5.6　质量记录

5.5.6.1　《管理评审计划》

5.5.6.2　《质量评审报告》

5.5.6.3　《纠正和预防措施处理单》

6　资源管理

6.1　资源提供

经理明确提出及时提供资源的承诺。资源是保持质量管理体系有效持续运行,确保气瓶检验质量以满足法律法规及顾客(受检者)要求,保证质量方针、质量目标得以实现的必要条件。经理负责组织识别和提供资源,包括人力资源、基础设施、设备工器具、工作环境、技术支持、信息和财务等资源,满足气瓶检验检测的需要。副经理分管并做好资源提供的管理工作。

6.2　人力资源

6.2.1　经理应是专业技术人员,有较强的管理水平和组织领导能力,熟悉气瓶行业的法律、法规和检验业务。

6.2.2　经理负责人力资源的识别、配置、培训、教育和管理。

6.2.3　技术负责人是持气瓶检验证件,有相关专业的工程师资格或气瓶检验员以上资格,符合相关条件规定的人员。

6.2.4　质量负责人,应有相关专业助理工程师职称和相关条件规定。

6.2.5　气瓶检验员应在教育培训实践的基础上,按照《特种设备安全监察条例》规定参加省质量技术监督局所办气瓶检验员培训班,取得检验员证。

6.2.6　对所配备满足气瓶检验需要的操作员、附件维修员应进行岗位应知应会和气瓶检验设备操作等基本知识的培训。

6.2.7　公司为提高全体员工的质量意识,通过法规、标准学习及安全知识教育,使其认识到自己所从事的工作与气瓶检验质量及质量管理体系的相关性和重要性,并通过自己的努力实现公司的质量目标。

6.2.8 为了保证人力资源满足气瓶检验的需求和不少于10人的规定,技术负责人根据气瓶检验业务的发展变化、人员流动情况等应及时向经理提出合理的人力资源配置计划。

6.2.9 对外聘人员公司应按规定同外聘人员签订劳动合同,并保证其合法权益。

6.3 基础设施

公司为确保气瓶检验数量、检验质量提供必需的基础设施,包括检验厂房、场地、材料及备件库、附件维修间、档案资料管理设施等。

6.3.1 气瓶检验检测厂房、设施、设备、工器具等应符合《特种设备检验检测机构核准规则》中的相关要求和《气瓶定期检验站技术条件》的规定。

6.3.2 检验检测设备、工器具的数量、性能、有效性、完好程度等方面应能满足检验气瓶数量和检验质量的需要。

6.3.3 技术负责人应对设备的采购、验收、配置、运行管理及维修保养负责。分管设备的检验员或操作员负责设备的日常维护管理。

6.3.4 拥有相关的气瓶检验法规标准资料和满足检验需要的各项管理制度、作业指导书、检验记录、报告等表卡。

6.4 工作环境

6.4.1 气瓶检验工作间、残液(气)回收排放、气瓶除锈、油漆涂敷等工作环境应符合防火、防爆、环保和劳动保护的要求。

6.4.2 气瓶检验工作间环境温度及水压试验水温、气密试验气体温度应符合《气瓶水压试验方法》和《气瓶气密性试验方法》中的规定。

6.5 基础设施和工作环境控制程序

6.5.1 目的:识别并提供和维护为实现气瓶检验需要的设施,识别并管理为实现气瓶检验符合性所需要的工作环境和基础设施。

6.5.2 范围:气瓶检验所需的设施、建筑物、工作场所、设备、支持性服务(水、电、气供应)设施等。

6.5.3 职责

6.5.3.1 经理负责为实现气瓶检验所需要的设施和工作环境的保障,满足其需求。

6.5.3.2 气瓶检验员、安全员负责对实现产品所需的设施和工作环境进行控制,质量负责人对其进行监督。

6.5.4 程序

6.5.4.1 检验设施的识别、提供和维护。

6.5.4.1.1 检验设施的识别。

公司为实现气瓶检验符合性活动所需的设备设施包括工作场所、设备和工器具、计算机(软件)、支持性服务、运输设施等。

6.5.4.1.2 设施的提供

技术负责人根据气瓶检验的要求和公司发展需要,提出注明设施名称、用途、型号、规格、技术参数、单价、数量等申请单报主管副经理确认,经理批准后,安排采购有关事宜。

6.5.4.1.3 设备的验收

6.5.4.1.3.1 采购的设备由技术负责人组织使用人员进行安装、调试,确认满足要求后,交检验人员使用。

6.5.4.1.3.2 安装投入使用设备进行编号,建立设备台账、设备档案。

6.5.4.1.4 设备的使用管理、维护和保养。

6.5.4.1.4.1 技术负责人编写设备的操作规程,并在设备旁上墙。相关操作人员应由技术负责人负责培训,考核合格后方可上岗操作。

6.5.4.1.4.2 需检修和维护保养的设备由技术负责人提出计划,经理批准后实施。

6.5.4.1.4.3 现场使用的设备应有唯一性标识,挂牌实行专管,并由管理者负责日常维护保养。

6.5.4.1.4.4 安全阀、称重衡器、压力表等应按规定校验,并有校验报告或标识表明其有效状态。

6.5.4.1.5 设备的报废

对无法修复或无使用价值的设备,由技术负责人提出清单,由经理批准后报废,在设备台账和设备档案中注明情况。

6.5.4.2 工作环境

技术负责人识别并管理为实现气瓶检验质量符合性所需的工作环境,其中人和物的因素,根据气瓶检验作业需要,负责确定并提供作业场所必需的基础设施,创造良好的工作环境。

6.5.4.2.1 配置适用气瓶检验的厂房并根据检验需要符合防火、防爆、防止暴晒和风雨。配置必要的通风、除尘、消防器材,保持符合检验需要的温度和职业卫生安全劳动保护。

6.5.4.2.2 确保员工气瓶检验检测符合劳动法规和安全法规的要求。

6.5.5 记录

6.5.5.1 《检验设备配置申请表》

6.5.5.2 《设备管理卡》

6.5.5.3 《检验设备一览表》

6.5.5.4 《检验设备检修单》

6.5.5.5 《检验设备报废单》

7 气瓶检验实现

7.1 同重点客户应签订气瓶检验服务合同,明确合同双方的义务,公司为客户承诺检验完成时间、检验质量、所采用原材料、备件质量,保证检验报告及时出具与签发等。

7.2 一般客户可接受口头合同形式,在接受口头合同时,公司应保存所有工作指令的记录,包括口头上接受的要求(协议)日期和客户代表、指令发布人。

7.3 严格执行国家有关气瓶检验法规、安全技术规范、技术标准及本企业制定的气瓶检验工艺和相关作业指导书,确保气瓶检验安全、检验质量和完成时间。公开气瓶检验程序、收费标准和服务承诺,接受质监部门及社会监督。

7.4 按照国家质监总局气瓶检验核准项目类别进行法定检验。

7.5　应有能够满足检验需要且不少于2名的持证检验员进行检验。

7.6　制定检验工艺：检验工艺是指导检验全过程要求的法则,要求程序清楚、项目明确、检验要求评定具体、可操作性强,可按以下项目编写。

序号	工艺 程序名称	工艺项目内容 及检验要求	技术质量 检验与评定	采用设备、仪 器、工卡量具

7.7　完善、配套的符合要求的资源条件保证。

7.8　开展气瓶检验的准备工作,进入现场的安全要求,不良天气影响等条件能够得到满足。

7.9　材料、备件采购和控制。

7.9.1　材料、备件包括油漆、密封材料、防震圈、阀门及其密封圈、配件等。

7.9.2　材料、备件采购计划由技术负责人提出,报经理批准后安排采购实施。

7.9.3　分供方评审和管理：为了满足材料、备件的质量要求应对分供方的能力、质量保证和信誉进行评价,并根据评价结果在采购时择优选择。

7.9.4　材料、备件管理负责人按采购单和质量证明书合格证进行验收建账入库,并负责其管理和发放。

7.9.5　按气瓶检验工艺规程及作业指导书由气瓶检验员进行气瓶检验实施。工序的检验状态有待检、合格和不合格(判废)三种。

7.9.6　质量记录

7.9.6.1　《供方评价记录》

7.9.6.2　《纠正和预防措施处理单》

7.9.6.3　《采购计划》

7.9.6.4　《采购合同》

7.10　在气瓶检验检测工作时,必须保证检测工作的安全。

7.10.1　作业环境符合职业健康安全管理要求。

7.10.2　检测设备仪表工器具应完好,并经过定期校验。

7.10.3　检验人员应穿好劳动防护用品,严格按操作规程操作检验设备装置。

7.10.4　安全员对检验现场做好安全巡回检查与监督。

7.11　气瓶检验过程控制

7.11.1　检验工序工艺过程的确认。工序的检验状态有待检、合格和不合格(判废)三种。

7.11.2　检验工艺流程图见附件3。

关键过程为涉及缺陷超标判废的工序。

7.11.3　仪表、计量器具有效控制。由技术负责人提出称重衡器及安全阀、压力表等的校验计划,及时定期校验,确保其在有效期内灵敏可靠。

7.11.4 检验工艺实施。气瓶检验员按检验工艺及作业指导书进行检验,并认真及时填写检验记录报告或判废通知书,在规定位置签字。检验实施过程由技术负责人进行工艺技术指导,质量负责人进行监督检查。

7.12 检验后处理

7.12.1 按规定涂敷气瓶颜色标记和检验色标。

7.12.2 气瓶检验员打冲检验钢印标记。

7.12.3 检验后处理由持证检验员出具检验报告、气瓶判废通知书签字后由技术负责人审核签发,并加盖公司气瓶检验专用章。

8 质量管理体系分析与改进

8.1 制定计划和程序进行内部审核以验证其运作持续符合质量管理体系的要求,内部审核应当符合以下要求:

8.1.1 涉及质量管理体系的全部要素。

8.1.2 组织实施内审及出具报告,保持相应记录的职责和要求作出规定。

8.1.3 接受审核部门的管理者应当确保及时采取纠正措施,以清除所发现的不符合及其原因。

8.2 内部审核程序

8.2.1 目的

验证质量管理体系是否符合标准要求,是否得到有效地保持实施和改进。

8.2.2 范围

适用于公司质量管理体系所有要素和所有要求的内部审核。

8.2.3 职责

经理批准年度内审计划与方案,审批内审报告。

技术负责人全面负责内审工作。

8.2.4 内审员组成与要求

8.2.4.1 内审员的条件和要求

8.2.4.1.1 经过内部培训学习,熟悉内审程序、范围、内容、方法等方面的知识。

8.2.4.1.2 内审员应当独立于被审核的活动,要公正、客观地对待查出的问题,确保审核过程的客观性和公正性。

8.2.4.1.3 内审员由技术负责人、主管副经理和检验员代表三人组成,由技术负责人任内审组长。

8.2.5 对接受审核部门管理者的要求。

8.2.5.1 确保及时采取纠正措施,以消除不符合及其原因。

8.2.5.2 跟踪活动应当包括对所采取措施的验证和验证结果的报告。

8.2.5.3 如果调查结果表明检验结果已受影响,应以书面通知客户和气瓶登记的质监部门。

8.2.6 审核程序

为了通过自查查出内部质量管理体系存在的问题,及时纠正和定出预防措施,确保质量体系的正常运转,决定每年进行一次内部审核,具体按"内审检查表"进行现场审核,将体系运行、检验质量等审核情况及结果记录在检查表中。

8.2.6.1 首次会议:由内审组长主持。

8.2.6.1.1 参加会议人员:公司领导、内审组成员及相关人员,与会者签到,并做好会议记录。

8.2.6.1.2 会议内容:由组长介绍内审目的、范围、依据、方式、组员和内审日程安排及其他有关事项。

8.2.6.2 现场审核

8.2.6.2.1 根据《内审检查表》进行审查并逐项详细记录。

8.2.6.2.2 内审组长召开内审员会议,沟通审核情况,对不合格项目进行核对。

8.2.6.3 审核报告

8.2.6.3.1 现场审核后,内审组长召开内审组会议确认不合格项,相关部门人员分析原因,制定纠正措施,并做实施验证和得出结果。

8.2.6.3.2 现场审核一周内,审核组长完成《内部质量管理体系审核报告》交经理批准。审核报告内容如下:

8.2.6.3.2.1 审核目的、范围、方法和依据。

8.2.6.3.2.2 内审组成员、受审核方代表名单。

8.2.6.3.3 审核计划实施情况总结。

8.2.6.3.4 不合格项及存在问题的分析。

8.2.6.3.5 对公司质量管理体系有效性、符合性结论及今后改进的地方。

8.2.6.4 末次会议

8.2.6.4.1 审核组长主持会议。

8.2.6.4.2 参加人员:公司领导、内审组成员及相关人员,与会者签到,会议记录归档。

8.2.6.4.3 会议内容:内审组长宣读审核项目不合格报告,提出完成纠正措施的要求及日期。

8.2.6.4.4 公司经理讲话。

8.2.6.4.5 本次内审结果及审核报告要提交公司管理评审。

8.2.6.5 质量记录

8.2.6.5.1 《内审检查表》

8.2.6.5.2 《内部质量管理体系审核报告》

8.2.6.5.3 《内审首(末)次会议签到表》

8.2.7 不符合工作控制

8.2.7.1 确定对不符合工作进行管理的职责和权力,对不符合工作被确定时应采取暂停业务,避免不符合扩大化造成严重后果。

8.2.7.2 对不符合工作的严重性进行评价。

8.2.7.3 立即采取纠正措施。

8.2.7.4 由技术负责人批准恢复检验检测服务。

8.2.8 相关文件

《管理评审控制程序》

8.2.9 质量记录

8.2.9.1 《年度内审计划》

8.2.9.2 《内审检查表》

8.2.9.3 《不合格报告》

8.2.9.4 《内审报告》

8.2.9.5 《内审首(末)次会议签到表》

8.3 投诉与抱怨

由办公室受理投诉与抱怨,并做投诉与抱怨记录,根据调查结果采取纠正措施并填写记录。

8.4 质量管理体系分析与改进

公司应确定收集和分析适当的数据,以证实质量管理体系的适宜性和有效性,并且评价在可以持续改进体系的有效性。

8.4.1 数据分析应当提供以下有关方面的信息:

8.4.1.1 客户满意情况。

8.4.1.2 与检验检测法规、技术规范标准的符合性。

8.4.1.3 检验检测质量和安全的特性及趋势,包括采取预防措施的机会。

8.4.1.4 服务方和供应方。

8.4.1.5 检验检测分包。

8.4.2 应当利用质量方针、质量目标、内部或者外部审核结果、数据分析、纠正和预防措施以及管理评审,持续改进体系的有效性。

8.4.3 应当采取纠正措施,以便在确认不符合工作、质量管理体系或者技术运作偏离其制度和程序时实施纠正,以消除不符合原因,防止不符合的再发生。

8.4.3.1 评审不符合(包括投诉)。

8.4.3.2 确定不符合的根本原因。

8.4.3.3 评价确保不符合不再发生的纠正措施的要求。

8.4.3.4 确定和实施所需的纠正措施。

8.4.3.5 记录所采取措施的结果。

8.4.3.6 评审所采取的纠正措施,对纠正措施的结果进行监控,以确保所采取的纠正措施是有效的。

8.4.4 采取有力的预防措施,以消除潜在不符合的原因,防止不符合的发生。

8.4.4.1 确定潜在不符合及其原因和所需要的改进。

8.4.4.2 评价防止不符合发生的预防措施的需求以减少类似不符合情况发生的可能性。

8.4.4.3 确定和实施所需的预防措施。

8.4.4.4 记录所采取措施的结果。

8.4.4.5 评审所采取的预防措施,以确保其有效性。

附件1:组织机构图

附件2:质量管理体系程序文件目录

1. 文件控制程序
2. 质量记录控制程序
3. 管理评审控制程序
4. 基础设施和工作环境控制程序
5. 内部审核程序

附件3:检验工艺流程图

附件4:

1　作业指导书
1.1　气瓶检验与评定工艺
1.2　气瓶残液残气处理作业指导书
1.3　气瓶内外部检验作业指导书
1.4　气瓶水压试验作业指导书
1.5　气瓶气密性试验作业指导书
1.6　气瓶磁粉探伤试验作业指导书
1.7　气瓶水压试验,管道压入水量(B值)测定作业指导书
1.8　气瓶抽真空、管道密封点试压检漏作业指导书
1.9　气瓶颜色标记及检验标记涂敷作业指导书
2　检验设备装置安全操作规程
2.1　ZJ280CNG 瓶阀门自动装卸机操作规程
2.2　SI280CNG 气瓶水压试验机操作规程
2.3　SX280 抛丸除锈机操作规程
2.4　Q5-2CNG 瓶阀校验台操作规程
2.5　SQ280CNG 气密试验机操作规程
2.6　CZ-1.0/250A 空气压缩机操作规程
2.7　CXX-3B 磁粉探伤仪操作规程

附件5:

3　管理制度
3.1　钢瓶收发登记制度
3.2　检验工作安全管理制度
3.3　钢瓶检验与评定质量管理制度
3.4　检验报告、判废通知书审批签发制度

3.5 设备、仪表、工器具管理制度

3.6 检验报告资料、设备档案管理制度

3.7 人员培训考核管理制度

3.8 锅炉压力容器使用登记定期检验管理制度

3.9 接受安全监察及信息反馈制度

3.10 外购材料备件入库验收管理制度

3.11 报废气瓶处理管理制度

3.12 锅炉压力容器事故应急救援预案

附件6:质量记录

1.《文件发放回收记录》

2.《文件借阅复制记录》

3.《文件留用销毁申请单》

4.《文件更改通知单》

5.《文件归档登记表》

6.《管理评审计划》

7.《管理评审报告》

8.《纠正和预防措施处理单》

9.《检验设备配置申请表》

10.《检验设备管理卡》

11.《检验设备一览表》

12.《检验设备检修单》

13.《检验设备报废单》

14.《采购计划》

15.《采购合同》

16.《供方评价记录》

17.《年度内审计划》

18.《内审检查表》

19.《不符合报告》

20.《内审报告》

21.《内审首(末)次会议签到表》

22.《气瓶检验与评定记录》

23.《气瓶定期检验与评定报告》

24.《气瓶判废通知书》

25.《气瓶检验收发登记表》

26.《用户服务信息反馈表》

27.《气瓶抽真空、管道密封点试压检漏记录表》

附件 7：国家有关气瓶定期检验的相关法律、法规、规章、安全技术规范标准目录

  (1)国务院[2003]第 323 号令《特种设备安全监察条例》

  (2)TSG2001—2004《特种设备检验检测机构管理规定》

  (3)TSG2002—2004《特种设备检验检测机构鉴定评审细则》

  (4)TSG2003—2004《特种设备检验检测机构质量管理体系要求》

  (5)国家质监总局第 46 号令《气瓶安全监察规定》

  (6)2000 版《气瓶安全监察规程》

  (7)GB19533—2004《汽车用压缩天然气气瓶定期检验与评定》

  (8)Q/JBTHB010—2006《汽车用压缩天然气钢瓶内胆环向缠绕气瓶定期检验与评定》

  (9)GB13004—1999《钢质无缝气瓶定期检验与评定》

  (10)GB12135—1999《气瓶定期检验站技术条件》

  (11)GB7144—1999《气瓶颜色标志》

  (12)GB/T9251—1997《气瓶水压试验方法》

  (13)GB/T12137—1989《气瓶气密性试验方法》

  (14)GB17258—1998《汽车用压缩天然气钢瓶》

  (15)GB17926—1999《汽车用天然气瓶阀》

  (16)GB/T13005—1991《气瓶术语》

  (17)GB/T18437—2001《燃气汽车改装技术要求压缩天然气汽车》

  (18)QC/T245—1998《压缩天然气汽车专用装置安装要求》

附录2 溶解乙炔气瓶充装质量管理手册

××××× 乙炔有限公司

质 量 管 理 手 册

第×版

受控状态：受控

编　　制：×××

审　　核：×××

批　　准：×××

发放日期：××××年××月××日

生效日期：××××年××月××日

发放号码：××××

《质量手册》说明

1. 手册内容

本手册是依据《气瓶充装许可规则》、《溶解乙炔安全监察规程》、《溶解乙炔充装规定》,参考 ISO9001—2000《质量管理体系——要求》结合本公司实际情况编制而成。包括:

(1)公司质量管理体系的范围,它包括了《气瓶充装许可规则》的全部要求和 ISO9001—2000《质量管理体系——要求》的部分要求。

(2)对质量管理体系所包括的过程、顺序和相互作用的表述。

2. 本公司质量管理手册(以下简称《质量手册》)的使用:公司(供方)→组织→客户。

3. 本手册为公司的受控文件,由经理批准颁布执行,由办公室发放。手册管理的所有相关事宜由办公室统一负责,未经技术负责人批准任何人不得将手册提供给公司以外人员,手册持有者调离工作岗位时,应将手册交还办公室,办理核收登记手续。

4. 手册由技术负责人编制,由主管副经理审核,由经理批准。

5. 手册持有者应妥善保管,不得损坏、丢失和随意涂抹。

6. 在手册使用期间,如有修改建议,由办公室负责收集汇总意见,对手册的适应性、有效性进行评审,必要时对手册予以修改。

颁 布 令

　　本公司依据《气瓶充装许可规则》、《溶解乙炔气瓶安全监察规程》等编制成了《质量管理手册》第×版,现予以批准颁布实施,本手册是公司质量管理体系的法规性文件,是指导全公司适应并实施质量体系的纲领和行动准则。具体由技术负责人负责组织实施,公司全体员工必须遵照执行。

经理(签字):

××××年××月××日

××××× 乙炔有限公司文件

××瓶充字[××××]××号　　　　　　　签发人:×××

──────────────────★──────────────────

关于对×××同志任命的通知

公司各部门:

　　为了贯彻执行《气瓶充装许可规则》加强质量管理体系运行的领导,特任命×××同志为我公司的技术负责人。

××××× 乙炔有限公司

××××年××月××日

××××× 乙炔有限公司文件

××瓶充字[××××]××号   签发人：×××

★

关于颁布公司质量方针、质量目标的通知

公司各部门：

　　为了公司的持续发展，确保气瓶充装质量和充装安全，经公司办公会研究决定公司质量方针、质量目标现予以颁布，公司全体员工必须认真贯彻执行。

　　质量方针：质量是生命、质量是效益、质量促发展、安全是保证。

　　质量目标：充装质量合格率100％、安全充装100％、用户满意率95％、充装记录合格率100％。

××××× 乙炔有限公司

××××年××月××日

溶解乙炔气瓶充装质量管理手册

1 总则

工农业生产不断发展和人民生活水平的日益提高,对各种瓶装气体需求越来越大,品种也在不断增加。无疑,这对各种瓶装气体充装站也提出了更高的要求。随着我国气瓶标准化工作的不断加强和完善,各种有关气瓶的规程、标准相继出台,通过气瓶充装工作的治理整顿,促使各充装站迅速地上水平,从而加强了标准化、规范化建设,为保证充装站的工作质量和安全管理特编制了×××××气体有限公司溶解乙炔气瓶充装质量手册。

编制本质量手册所依据的主要规程、标准有《特种设备安全监察条例》、《气瓶安全监察规定》、《溶解乙炔气瓶安全监察规程》、GB17266—1998《溶解乙炔气瓶充装站安全技术条件》、GB13591—1992《溶解乙炔充装规定》、《气瓶充装许可规则》以及其他有关技术文件。

凡从事气瓶收发、气体充装、充装前后检查、安全检查、瓶库管理以及装卸搬运人员必须遵守本质量手册的有关规定、制度、规程。

本质量手册适用于溶解乙炔气体的充装、检查及质量管理。

本质量手册有关条款如遇与上级文件或新出台的国家标准有抵触时,应按上级文件规定执行。

2 公司概况

2.1　×××××乙炔有限公司属股份制企业,于×××年××月建成,位于××市高新技术开发区。

2.2　公司现有固定资产×××万元,占地面积×××平方米。建筑面积约×××平方米,其中充装车间面积×××平方米,办公室×××平方米,充装车间及库房按照易通风、防火、防爆要求施工建设,有乙炔发生器、高压干燥器、压缩机、净化器、充装排、乙炔瓶丙酮补加装置、称重衡器等主要设备工器具××台(套),生产能力每小时××立方米。自备瓶×××只(含产权转移气瓶)。

2.3　公司现有职工××人,其中经理、副经理各×人,技术负责人1人,有工程师职称,持证充装员×人,其中×人为检查员,收发员1人,兼职安全员1人。

2.4　已编制公司《质量手册》任命了各级责任人员,制定了体系文件建立了各类人员岗位职责,制定了各项管理制度、安全操作规程,按规定绘制了组织结构图(附件1)、质量管理体系图(附件2)、充装工艺流程图(附件3),建立了质量管理体系并已正常运转。

2.5　公司电话:×××××××;公司传真:××××××××。

3 气瓶充装质量管理体系

3.1 《质量手册》已正式颁布实施,并且根据有关法规、标准和本单位的实际情况的变动,充装工艺的改进而及时修订。

3.2 质量管理体系符合本单位的实际情况,绘制的质量管理体系图、充装工艺流程图,能够正确有效地控制充装质量和安全。

3.3 专业技术力量

3.3.1 负责人(经理)

应当熟悉充装介质安全管理相关的法规,取得具有充装作业(经理)的《特种设备作业人员证》。

3.3.2 技术负责人

设1名技术负责人,熟悉介质充装的法规、安全技术规范及专业技术知识,具有助理工程师或工程师以上职称。

3.3.3 安全员

设专(兼)职安全员,安全员应当熟悉安全技术和要求,并切实履行安全检查职责。

3.3.4 检查人员

不少于2人,并且每班不少于1人,应当经过技术培训,取得《特种设备作业人员证》。

3.3.5 充装人员

每班不少于2人,取得具有充装作业项目的《特种设备作业人员证》。

3.3.6 化验、检修人员

配备与充装介质相适应的化验员、气瓶附件检修人员,并且经过技术和安全培训。

3.3.7 辅助人员

配备与充装介质相适应的气瓶装卸、搬运和收发等人员,并且经过技术和安全培训。

3.4 本公司质量管理体系由组织系统、控制系统和法规系统组成。

3.4.1 组织系统由各责任人员的职责来保证。

3.4.2 法规系统由相关最新规程、标准作保证。

3.4.3 控制系统由本质量手册、管理制度、充装工艺及工作标准作保证。

3.5 充装质量管理体系实行经理、技术负责人和充装员三级负责制。

3.6 质量管理体系由经理、特聘专家、技术负责人和特邀市质监局特种设备处管理人员参加组成有效监督机制,保证其有效运行。

3.7 质量管理体系文件。

3.7.1 《质量手册》。

3.7.2 各项管理制度,见附件4。

3.7.3 安全技术操作规程,见附件5。

3.7.4 工作记录和见证材料,见附件6。

3.7.5 相关法规标准规范目录,见附件7。

4 管理职责

4.1 公司经理承诺

4.1.1 公司经理对政府的承诺。

4.1.1.1 向公司员工宣传贯彻并严格执行气瓶充装方面的相关法规、标准,满足政府及用户的要求。

4.1.1.2 在确定的气瓶充装范围内从事法定的气瓶充装工作,并保证充装安全和充装质量。

4.1.1.3 接受各级质监部门的监督管理和完成确定的充装及其他任务,按时上报充装统计报表。

4.1.2 公司经理对客户的承诺。

4.1.2.1 保质保量按时完成客户的充装任务。

4.1.2.2 做好充装前后检查,保证使用符合法规要求的合格气瓶。

4.1.2.3 采取不同的方式同客户沟通交流和搞好服务信息反馈工作。

4.1.3 公司经理对员工的承诺。

4.1.3.1 为员工创造好的工作环境,为充装人员创造安全、文明的生产环境。

4.1.3.2 为充装人员发放劳动保护用品和配备好应急救援器具。

4.1.3.3 保证员工的工资福利等待遇。

4.2 公司的质量方针和质量目标

4.2.1 质量方针:质量是生命、质量是效益、质量促发展、安全是保证。

质量目标:充装质量合格率100%、安全充装100%、用户满意率95%、充装记录合格率100%。

4.2.1.1 经理将质量方针和质量目标在全公司员工会上进行宣传贯彻,使每一个员工充分理解质量方针,并在各自的岗位上遵照执行。

4.2.1.2 保证气瓶充装质量符合国家相关法规标准规定,每个气瓶合格,所充溶解乙炔气体经分析化验均符合溶解乙炔标准,达到充装质量100%。严格进行充装前后检查和按工艺程序、操作规程充装,保证充装安全100%。

4.2.1.3 用户至上,强化服务,做好用户服务信息反馈,听取用户意见,及时改进不足,保证用户满意率达95%以上,满意率每年提升1%最终达到100%。

4.2.1.4 气瓶充装前后检查及充装记录及时按规定逐瓶填写和签署,保证做到充装记录100%。

4.3 绘制有设置合理、关系明确的组织机构图。

4.4 正式任命责任人员,要求责任人员学习和熟悉充装作业相关法规、规章、安全技术规范、标准,并能认真履行其职责。

4.5 各岗位人员的岗位职责。

4.5.1 经理

4.5.1.1 负责本公司的全面行政管理工作,组织全公司职工完成生产、经营等各项任务,做好思想工作。

4.5.1.2 贯彻执行国家、省、市等上级关于气瓶充装方面的有关规程和标准。

4.5.1.3 组织职工安全文明生产,遇到事故果断处理,并及时上报上级有关部门,对全公司的安全生产负全责。

4.5.1.4 主持开好公司办公会、生产会、安全质量及事故分析会,并做好各项原始记录。

4.5.1.5 接受省、市质量技术监督部门监督检查,并定期汇报工作。

4.5.1.6 副经理协助经理工作,分管部分具体工作。

4.5.2 技术负责人

对本公司的充装工艺、技术等日常工作实行统一管理,全面负责。

4.5.2.1 负责解决处理本公司乙炔气瓶充装的技术问题。

4.5.2.2 负责充装前后检查及充装记录表的审核签字,由检查员整理后交档案资料员归档。

4.5.2.3 负责充装设备的购置计划、安装调试、维修计划及其管理。

4.5.2.4 负责主持事故的调查分析。

4.5.2.5 负责标准、技术规程等技术文件的收集及贯彻实施。

4.5.2.6 负责组织业务学习和考核。

4.5.2.7 负责编制、贯彻实施本手册,对手册内容有解释权、修改权。

4.5.3 充装前后检查员

4.5.3.1 负责按《溶解乙炔充装规定》(以下简称《充装规定》)对待检气瓶逐一逐项做充装前检查,对经检查不合格的气瓶负责放不合格区安排处理,合格瓶及处理后合格瓶放待充气瓶区。

4.5.3.2 负责对充装后气瓶按《充装规定》逐项检查并坚持做到不合格瓶不出公司的原则。

4.5.3.3 对检查合格的重瓶逐一登记,并粘贴《气体充装标签》(产品合格证)及气瓶《警示标签》(对保持完好的可不再粘贴),并放气瓶重瓶区。

4.5.3.4 认真填写充装前后检查记录并签字。

4.5.4 充装员

4.5.4.1 确认待充装气瓶已做充装前检查合格。根据计算需补加丙酮者,应按规定补加丙酮。

4.5.4.2 负责按《充装规定》要求,做充装准备工作及上充装台。

4.5.4.3 负责按《充装规定》和充装安全操作规程进行正确的气体充装工作,做好充装过程检查和保证充装符合工艺要求。

4.5.4.4 负责认真填写充装记录并签字。

4.5.5 安全员

4.5.5.1 在经理的领导下,负责该公司安全生产监督检查管理及其他业务。

4.5.5.2 组织公司人员的安全教育,做好安全巡回检查和逐项填写安全巡回检查记录。

4.5.5.3 对充装各环节的安全给予监督检查和指导,并有权对不安全操作人员停止工作并及时报经理处理。

4.5.5.4 负责对全公司消防器材按规定进行更换,对全公司消防器材的完好负责。

4.5.6 气瓶附件检修员

4.5.6.1 对有问题的空瓶或充装过程中发现故障的气瓶附件进行修理或更换,使之符合充装要求。

4.5.6.2 不能维修的气瓶放待检验区集中送检验单位检验。

4.5.6.3 对气瓶附件的修理、更换质量负责。

4.5.6.4 负责对更换瓶阀气瓶在首次充装时进行密封性能试验。

4.5.7 化验员

4.5.7.1 定期按化验操作规程进行各项化验分析,做到认真准确,对化验结果的正确性负责。

4.5.7.2 填写化验分析报告单,并将结果及时通知技术负责人。

4.5.7.3 严格管理和保管好化学药品、试剂。

4.5.7.4 负责化验设备、仪器的使用保养,并搞好场地卫生。

4.5.7.5 协助检查员搞好气瓶充装质量的抽检工作。

4.5.8 收发员

4.5.8.1 负责充装后合格气瓶的入库和空、重瓶的收发及其管理工作,并认真进行登记造册,确保账、物相符。

4.5.8.2 每月底前统计出收、发瓶数,上报财务室。

4.5.8.3 负责外来人员的接待、登记和入公司前的安全常识教育。

4.5.8.4 接待用户要做到热情、耐心、文明,认真解答用户提出的各项问题,为用户服务好。

4.5.8.5 负责收集用户关于充装质量问题的反馈信息,并按时上报有关领导。

4.5.9 装卸搬运人员

4.5.9.1 经过技术和安全知识培训后方可上岗。

4.5.9.2 负责气瓶充装重瓶的装车和空瓶的卸车工作。

4.5.9.3 负责丙酮重空桶的装卸搬运工作。

4.5.9.4 负责电石重空桶的装卸搬运工作。

4.5.9.5 严格执行安全操作规程和注意事项,确保装卸搬运工作安全。

5 资源管理

5.1 资源提供

经理明确提出及时提供资源的承诺,资源是保证质量管理体系有效持续运转,确保气瓶充装质量,以满足法律法规、管理制度及客户的要求。

5.2 人力资源

5.2.1 经理熟悉溶解乙炔安全管理相关的法规,取得具有充装作业的《特种设备作业人员证》。

5.2.2 技术负责人熟悉溶解乙炔充装的法规、安全技术规范及专业技术知识,具有工程师任职资格。

5.2.3 气瓶充装员、检查员每班不少于2人,且取得具有充装作业项目的《特种设备作业人员证》。

5.2.4 安全员需经过相关安全技术知识培训,熟悉安全和技术要求。

5.2.5 化验员、附件检修员应经过技术和安全培训。

5.2.6 气瓶收发、装卸、搬运人员应经过技术安全培训。

5.2.7 为了保证人力资源满足充装需求和足够的技术力量,技术负责人根据气瓶充装业务的发展变化、人员流动情况等应及时向经理提出合理的人力资源配置计划。

5.2.8 对外聘人员应按规定同应聘人员签订劳务合同,并保证其合法权益。

5.3 基础设施

5.3.1 气瓶充装厂房、场地、设备、消防安全设施、工器具等应符合《溶解乙炔气瓶充装站安全技术条件》和《气瓶充装许可规则》的规定。

5.3.2 气瓶充装设备、装置、工器具等的数量、性能、完好程度等方面应能满足充装气瓶数量和充装质量的需要。

5.3.3 充装设备应建立台账、设备档案,设备应挂牌实行专管。

5.3.4 拥有的自有产权气瓶数量应符合规定并办理注册登记证,建立气瓶台账、档案,并实行计算机管理。

5.3.5 技术负责人应对设备、原材料、零配件等的采购、验收、配置,设备的运行保养负责,分管设备的充装人员负责设备的日常维护管理。

5.3.6 拥有相关的气瓶充装法规标准资料和满足气瓶充装需要的各项管理制度以及充装前后检查和充装记录等相关记录表卡。

5.4 工作环境

技术负责人识别并管理为实现气瓶充装质量、数量所需的工作环境。负责确定并由经理提供所必需的基础设施,设置安全警示标志和区域划分标志,创造良好的工作环境。

5.4.1 配置适用气瓶充装作业的厂房、场地、电器设备,并符合防火、防爆、防静电、防暴晒和环保要求,配置必需的通风、除尘、消防器材及应急救援器具,保持符合充装需要的湿度、温度和职业卫生安全劳动保护的要求。经消防检查合格和防雷电防静电检测合格。

5.4.2 确保员工气瓶充装符合劳动法和安全法规的要求。

6 气瓶充装实现

6.1 同客户签订气瓶充装服务合同,明确合同双方的义务,公司为客户承诺充装的气瓶合格,所充乙炔气质量合格,重量在规定范围内,并保证及时供货。

6.2 对无自有瓶及有自由瓶经产权转移后的客户,收取气瓶保证金后免费租用气瓶。

6.3 由持《特种设备作业人员证》的充装前后检查员对气瓶按要求逐项进行充装前检查。

6.4 由持《特种设备作业人员证》的充装员对确认合格后的气瓶上充装台进行充装,并认真做好充装过程检查,保证充装温度、充装压力、流速和静止时间符合充装规定。

6.5 检查员对经静止后第二次充装后的气瓶进行充装后的检查和称重,所充乙炔重量应在规定范围内,充装后合格的气瓶粘贴充装标签(合格证)和警示标签。

6.6 充装过程中严格按操作规程操作,并有安全员做巡回安全检查。

6.7 充装的气瓶都必须符合气瓶相关规定并办理气瓶使用登记证。

6.8 认真填写充装前后检查及充装记录,并做到项目齐全、签署完备和归档。

7 内部审核

7.1 为了通过自查找出内部质量管理体系存在的问题,及时纠正和定出预防措施,确保质量体系的正常运转,决定每年进行一次内部审核工作,具体按《内审检查表》进行现场审核,将体系运行等审核情况及结果详细记录在检查表中。

7.2 内审员组成与要求

7.2.1 内审员的条件和要求

7.2.1.1 经过内部培训学习,熟悉内审程序、范围、内容、方法等方面的知识。

7.2.1.2 内审员要公正、客观地对待查出的问题。

7.2.2 内审员由技术负责人、主管副经理和检验员代表组成。由技术负责人任内审组长。

7.3 内部审核程序

7.3.1 首次会议:由内审组长主持。

7.3.1.1 参加会议人员:公司领导、内审组成员及相关人员,与会者签到,并做好会议记录。

7.3.1.2 会议内容:由组长介绍内审目的、范围、依据、方式、组员和内审日程安排及其他有关事项。

7.3.2 现场审核

7.3.2.1 根据《内审检查表》进行审查并逐项详细记录。

7.3.2.2 内审组长召开内审员会议,沟通审核情况,对不合格项目进行核对。

7.3.3 审核报告

现场审核后,内审组长召开内审组会议确认不合格项,相关部门人员分析原因,制定纠正措施,并做实施验证和得出结果。

现场审核一周内,审核组长完成《内部质量管理体系审核报告》交经理批准。

7.3.4 审核报告内容

7.3.4.1 审核目的、范围、方法和依据;

7.3.4.2 内审组成员、受审核方代表名单;

7.3.4.3 审核计划实施情况总结;

7.3.4.4 不合格及存在问题的分析;

7.3.4.5 对公司质量管理体系有效性、符合性结论及今后改进的地方。

7.3.5 末次会议

7.3.5.1 审核组长主持会议。

7.3.5.2 参加人员:公司领导、内审组成员及相关人员,与会者签到,会议记录归档。

7.3.5.3 会议内容

内审组宣读审核项目不合格报告,提出完成纠正措施的要求及日期。

7.3.5.4 公司经理讲话。

7.3.5.5 本次内审结果及审核报告要提交公司经理审核。

7.4 质量记录

7.4.1 《内审检查表》

7.4.2 《内部质量管理体系审核报告》

7.4.3 《内审首(末)次会议签到表》

8 质量管理体系分析与改进

公司应确定收集和分析适当的数据,以证实质量管理体系的适宜性和有效性,并且评价在可以持续改进体系的有效性。

8.1 数据分析应当提供以下有关方面的信息:

8.1.1 客户满意情况。

8.1.2 与气瓶充装所执行法规、技术规范、标准的符合性。

8.1.3 气瓶充装质量和安全的特性及趋势,包括所采取的预防措施。

8.1.4 服务方和供应方

8.2 应当利用质量方针、质量目标、内部或者外部审核结果、数据分析、纠正和预防措施,持续改进体系的有效性。

8.3 应当采取纠正措施,以便在确认了不符合工作、质量管理体系或者技术运作偏离了其制度和程序实施纠正,以消除不符合原因,防止不符合的再发生。

8.3.1 评审不符合(包括投诉)。

8.3.2 确定不符合的根本原因。

8.3.3 评价确保不符合不再发生的纠正措施的要求。

8.3.4 确定和实施所需的纠正措施。

8.3.5 记录所采取措施的结果。

8.3.6 评审所采取的纠正措施,对纠正措施的结果进行监控,以确保所采取的纠正措施是有效的。

8.4 采取有力的预防措施,以消除潜在不符合的原因,防止不符合的发生。

8.4.1 确定潜在不符合及其原因和所需要的改进。

8.4.2 评价防止不符合发生的预防措施的需求,以减少类似不符合情况发生的可能性。

8.4.3 确定和实施所需的预防措施。

8.4.4 记录所采取措施的结果。

8.4.5 评审所采取的预防措施,以确保其有效性。

附件1:组织机构图

附件2:质量管理体系图

附件3:充装工艺流程图

附件4:各项管理制度

4.1 气瓶建档、标识、定期检验和维护保养制度;

4.2 安全管理制度(包括安全教育、安全生产、安全检查等内容);

4.3 用户信息反馈制度;

4.4 压力容器、压力管道等特种设备的使用管理以及定期检验制度;

4.5 计量器具与仪器仪表校验管理制度;

4.6 气瓶检查登记制度;

4.7 气瓶储存、发送制度(例如配带瓶帽、防震圈等);

4.8 资料保管制度(例如充装资料、气瓶档案、设备档案等);

4.9 不合格气瓶处理制度;

4.10 各类人员培训考核制度;

4.11 用户宣传教育及服务制度;

4.12 事故上报制度;

4.13 事故应急救援预案定期演练制度;

4.14 接受安全监察的管理制度;

4.15 防火、防爆、防静电安全管理制度。

附件5:安全技术操作规程

5.1 瓶内残气处理操作规程;

5.2 气瓶充装前、后检查操作规程;

5.3 气瓶充装操作规程;

5.4 气体分析操作规程;

5.5 压力容器操作规程;

5.6 压缩机操作规程;

5.7 事故应急处理操作规程。

5.8 真空泵操作规程。

5.9 丙酮补加装置操作规程。

附件6:工作记录和见证材料

6.1 气瓶收发记录;

6.2 新瓶和检验后首次投入使用气瓶的抽真空置换记录;

6.3 残气回收处理记录;

6.4 充装前、后检查和充装记录;

6.5 不合格气瓶隔离处理记录;

6.6 气体分析记录;

6.7 质量信息反馈记录;

6.8 设备运行、检修和安全检查等记录;

6.9 安全培训记录;

6.10 溶解乙炔气瓶丙酮补加记录;

6.11 事故应急救援预案演练记录;

6.12 《内审检查表》；

6.13 《内审首(末)次会议签到表》。

附件7:主要法规标准规范目录

7.1 《特种设备安全监察条例》；

7.2 《气瓶安全监察规定》；

7.3 《溶解乙炔气瓶安全监察规程》；

7.4 《气瓶充装许可规则》；

7.5 GB17266《溶解乙炔气瓶充装站安全技术条件》；

7.6 GB13591《溶解乙炔充装规定》；

7.7 GB13076《溶解乙炔气瓶定期检验与评定》；

7.8 GB16804《气瓶警示标签》；

7.9 GB7144《气瓶颜色标记》；

7.10 GB16163《瓶装压缩气体分类》；

7.11 GB11638《溶解乙炔气瓶》；

7.12 GB10879《溶解乙炔气瓶阀》；

7.13 GB9819《溶解乙炔》；

7.14 GB/T6026《工业丙酮》；

7.15 GB10665《工业电石》。

附件8:事故应急救援预案

附录3 气瓶检验核准鉴定评审指南

1 引言

1.1 为贯彻执行《特种设备检验检测机构管理规定》、《特种设备检验检测机构核准规则》和规范气瓶检验资格核准鉴定评审工作,根据《特种设备检验检测机构核准规则》、《特种设备检验检测机构鉴定评审细则》、《×××气瓶检验核准实施细则》(以下简称《核准规则》、《评审细则》和《评定细则》)的有关要求,特制定本指南。

1.2 本指南明确了气瓶检验站首次核准鉴定评审、换证核准鉴定评审与增项核准鉴定评审的程序、内容和要求,是气瓶检验资格核准鉴定评审的指导性文件。

本指南主要供申请气瓶检验资格的单位使用,气瓶检验核准鉴定评审的机构(以下简称"评审机构")也应按照本指南实施气瓶检验资格核准鉴定评审工作。

1.3 本指南由×××提出,报×××质量技术监督局特种设备安全监察处备案,予以颁布执行。

1.4 ×××是经国家质量技术监督检验检疫总局核准的特种设备行政许可证鉴定评审机构,承担×××质量技术监督局特种设备安全监察处受理的气瓶检验资格核准、充装许可鉴定评审工作。

1.5 气瓶检验资格核准鉴定评审要点见《核准规则》、《评审细则》、《实施细则》。

1.6 核准分为首次核准、增项核准、换证核准,核准程序为申请、受理、鉴定评审、审批与发证。鉴定评审的基本程序包括:约请鉴定评审、确认申请材料、鉴定评审日程安排、组成评审组、现场鉴定评审、整改确认和提交鉴定评审报告。

2 鉴定评审约请

2.1 申请单位收到受理机构的受理批复通知后,经自查认为基本条件、质量管理体系(已正常运转并可提供相关的见证性材料)已达到要求时,即可约请评审机构实施鉴定评审。

2.2 申请单位约请评审时须填《约请函》(见附件1)报评审机构,同时提供以下资料各一份:

2.2.1 签署了受理意见的《申请书》。

2.2.2 质量手册、程序文件、作业指导书(技术文件)的目录。

2.2.3 营业执照、组织机构代码证复印件。

2.2.4 技术负责人、质量负责人、检验员证件复印件。

2.3 评审机构收到《约请函》及上述资料后,应及时对提交的资料进行确认,符合规定的,评审机构应当在10个工作日内作出鉴定评审的工作日程安排,并与申请单位商定具体的鉴定评审日期,确保评审机构在接受约请后3个月内完成现场鉴定评审工作。同时与申请单位签订《气瓶检验核准鉴定评审技术服务合同书》(附件2)和提供"鉴定评审指南"。

2.4 评审机构接受约请后应及时组织评审组,确定评审组长和评审组成员。评审组由3名以上(含3名)经特种设备安全监察机构考核合格的评审人员组成,一般为3~5人组成。

在实施现场鉴定评审的7日前,评审机构应当向申请单位寄发《气瓶检验核准现场鉴定评审通知函》(见附件3),并抄送受理机构和地市级的质量技术监督机构。

2.5 评审机构如不接受约请,应当在约请函上签署意见说明原因,并且在收到约请函后的5个工作日内告知申请单位,退回提交的申请资料。

3 现场评审

3.1 现场评审时间一般不超过2~3个工作日,评审组的评审工作特邀省或市特种设备安全监察机构派员参加。

3.2 鉴定评审工作应当遵循客观、公正、保密的原则。评审机构应当对鉴定评审的真实性、公正性和有效性负责。

3.3 现场评审重点及主要内容。

3.3.1 核查申请单位各项证明文件的真实性。

3.3.2 审查申请单位的人员、检验检测仪器、装备、厂房、场地设施等资源条件是否达到《核准规则》的要求。

3.3.3 审查申请单位质量管理体系文件的编制、建立与实施是否符合《特种设备检验检测机构质量管理体系的要求》的规定。

3.3.4 审查检验检测工作质量。

3.3.5 考察申请单位的规模、能力和管理水平。

3.3.6 换证审查时,应核查上次取(换)证以来质量体系运转、执行法规情况和检验工作质量情况。

3.4 评审组长对现场评审工作负全责,包括计划安排、人员分工、主持会议、编写《气瓶检验检测核准鉴定评审报告》(以下简称《评审报告》),对《评审报告》的真实性和公正性负责。

3.5 现场评审过程

3.5.1 预备会

评审组长向评审组成员布置评审计划,确定评审分工(通常分为资源条件组、质量管理体系组、检验工作质量组),明确评审方法,提出具体要求,宣布评审纪律等。

评审组长应邀请安全监察机构代表和申请单位主要负责人参加预备会议。

3.5.2 首次会议

评审组长主持,评审组成员及申请单位主要负责人、技术和质量负责人、检验员、安全员等有关人员参加,安全监察机构代表参加,参加会议的人员应签到,签到表见附件4,程序包括:

3.5.2.1 双方介绍到会人员。

3.5.2.2 评审组长介绍评审依据,评审组成员及分工,评审计划安排,评审主要内容和评审方法要求申请单位对三个评审小组安排配合人员。

3.5.2.3　申请单位负责人汇报气瓶检验资格核准迎审准备工作情况和自查情况。

3.5.2.4　评审组长申明评审过程中所遵循的客观、公正、保密三项原则。

3.5.2.5　评审组长告知申请单位评审的申诉权利和要求×××评审员回避的权利。

3.5.2.6　评审组长介绍评审结论评定标准及结论形式。

3.5.2.7　申请单位应向评审组提供以下文件资料。

3.5.2.7.1　企业法人工商营业执照(正本)、组织机构代码证书(正本)。

3.5.2.7.2　质量手册、程序文件和作业指导书(相关技术文件及气瓶检验工艺规程)。

3.5.2.7.3　近期气瓶检验档案资料(原始记录表、气瓶检验报告、判废通知书等)。

3.5.2.7.4　技术负责人、质量负责人、检验员的资格证书(原件)。

3.5.2.7.5　换证评审时应提供上次取(换证)时审查组所提出的整改意见和整改资料。

3.5.2.7.6　设备台账和设备档案。

若有压力容器等特种设备应提供特种设备使用登记证和定期检验资料。

3.5.2.7.7　检验人员的培训学习考核记录及用户信息反馈记录资料。

3.5.2.7.8　安全阀、压力表、称重衡器等计量器具的校验、鉴定证件(报告)。

3.5.2.7.9　申请单位迎审准备工作及自查情况汇报。

3.5.2.8　监察机构代表讲话。

3.5.2.9　首次会议结束,巡视现场。

3.5.3　现场检查与评审

现场检查评审采取听取汇报、巡视、观察、询问、交谈、查阅文件记录档案、口试、笔试、现场跟踪、实际操作考核等方式进行,根据客观证据和实际考核情况评定,按照《评定细则》填写《气瓶检验核准鉴定评审记录表》(附件5)。

增项评审时,按上述条款进行评审。

换证评审时还应重点评审以下内容。

3.5.3.1　是否存在超出许可范围检验气瓶的行为。

3.5.3.2　对气瓶检验标准法规及相关标准法规的执行情况。

3.5.3.3　为用户服务情况和用户反馈意见处理情况。

3.5.3.4　有无重大质量事故。

3.5.3.5　上次取(换)证时的存在问题整改落实情况。

3.5.3.6　接受质量技术监督部门监督检查的情况。

3.5.4　评审组会议与评定意见的确定

评审结束后,评审组内部交流评审情况,研究发现的问题,讨论不符合要求项,按照《评定细则》中评定标准初步确定评定意见。

3.5.5　交换意见

评审组与申请单位负责人及有关人员核实现场评审发现的问题,通报评定意见初稿,经交换意见确认不符合要求项,签署《现场鉴定评审工作备忘录》(附件6),并将副本交申请单位负责人,评审人员填写《评审记录表》。

3.5.6　末次会议

评审组长主持,评审组全体人员和申请单位的负责人、技术和质量负责人及检验员、安全员、安全监察部门的代表参加,参加会议的人员签到,签到表见附件4。

主要程序包括:

3.5.6.1 评审组成员陈述现场评审情况。

3.5.6.2 评审组长宣读《评审报告》。

3.5.6.3 评审组长征询申请单位对评审工作的意见并告知申请单位的申诉权利和时限。

申请单位对评审结论或评审人员行为有异议时可以在评审工作结束后的15日内,以书面形式向省特种设备协会或省质量技术监督局提出申诉。

3.5.6.4 申请单位负责人发言。

3.5.6.5 安全监察机构代表讲话,对审查工作的客观公正性作出评价。

3.5.6.6 评审组成员在《气瓶检验核准鉴定评审签名表》上签字(附件8)。

3.5.6.7 评审组长代表评审组对申请单位领导及员工对此次评审工作的支持与积极配合表示感谢!

安全监察机构代表对评审工作的监督指导和支持表示感谢!

3.5.6.8 末次会议结束,散会。

4 评审结论意见

评审组应当在现场鉴定评审结束后10日内向评审机构×××提交现场鉴定评审报告、审查记录及有关见证材料,评审机构根据评审组提交的材料,对评审组的现场鉴定评审工作和《评审报告》进行评议,并根据情况分别作出处理。

4.1 评审结论定为"具备条件"或"不具备条件"的,评审机构在评审组完成现场评审上报后10个工作日内汇总《申请书》、评审记录与签署了评审结论的《评审报告》和有关见证材料报送受理机构。

4.2 评审结论定为"基本具备条件"的,申请单位在3个月内将现场评审时签署的《鉴定评审工作备忘录》中存在问题进行整改,完成整改后向评审机构提交整改报告及相关的见证材料,评审机构视情况分别采取整改情况见证材料确认或整改情况现场确认的方式,对整改结果进行审核及确认,3个月内无法完成整改的,经鉴定评审机构同意可以适当延长,但延长时间最多不超过3个月。申请单位逾期未完成整改工作的原受理作废。确认已完成整改的写出确认报告,并自确认之日起10个工作日内汇总《申请书》、评审记录、整改情况见证材料、整改确认报告及有关见证材料报送受理机构。如申请单位在6个月内未向评审机构提交整改报告及相关的见证材料,评审机构应在届满6个月后,立即汇总《申请书》、评审记录和签署最终评审结论为"不具备条件"的《评审报告》报送受理机构。

5 申诉处理

5.1 若受理机构要求评审机构对申请单位的有关申诉做核实处理,或受理机构责成评审机构重新实施有关评审工作时,评审机构应按照受理机构的要求,对申诉事项予以处理。

5.2 若申诉事项属实,评审机构应向受理机构提交书面报告说明有关情况,并按受理机构的要求做好后续工作。

5.3 若经核实申诉事项不成立,评审机构应向受理机构书面报告核实情况和申诉事项不成立的理由。

6 收费

6.1 申请机构应按有关规定向评审机构缴纳鉴定评审费用。

6.2 上述费用未记现场评审期间评审人员的住宿、交通、通讯费用,这些费用由申请单位另行承担。评审费用应在约请评审与签订《鉴定评审服务合同》时缴纳。评审组不接受申请单位以任何形式馈赠或支付的酬金、补助费、劳务费、礼品等。

6.3 评审机构进行申诉核实,重新鉴定评审发生的费用,如申诉事项属实,该费用由评审机构承担,如申诉事项不成立,该费用由申诉单位承担。

气瓶检验核准鉴定评审约请函

_____ :

我单位的 _____ 申请已经被受理,申请受理号为 _____。现特约请进行鉴定评审,请给予安排。

约请安排鉴定评审日期: 　　　　年　　月　　日

申请单位名称:_____

通讯地址:_____

联系人:_____电话:_____

邮政编码:_____传真:_____

电子信箱: _____

申请单位法定代表(负责)人: 　　　　　　　　　日期:

　　　　　　　　　　　　　　　　　　　　　　　　(单位公章)

_____

鉴定评审机构意见:

　　　　　　安排鉴定评审日期: 　　　　年　　月　　日

　　　　　　鉴定评审机构负责人: 　　　　　　日期:

　　　　　　　　　　　　　　　　　　　　　　　(机构公章)

_____

注:本约请函一式两份,鉴定评审机构签署意见后,返回申请单位一份。

合同编号:TSX - QP - ×

技 术 服 务 合 同 书

项目名称:气瓶检验核准鉴定评审

委托方 (甲方):

服务方 (乙方):

签定地点: 　　　市　　　　　(县)

签定日期: 　　　年　　月　　日

有效期限: 　　　年　　月　　日至　　年　　月　　日

气瓶检验核准鉴定评审合同

依据《中华人民共和国合同法》的规定,甲乙双方就气瓶检验核准鉴定评审的技术服务工作,经协商一致,签订本合同。

一、服务内容、方式和要求

1.依据《特种设备安全监察条例》、《气瓶安全监察规定》、《特种设备检验检测机构核准规则》等的要求和《气瓶检验核准受理意见书》(编号:TS-   );甲方(申请单位)约请乙方(评审机构),对甲方申请范围内气瓶检验核准许可资格进行鉴定评审。

2.甲方申请的气瓶检验核准范围:

3.乙方负责按规定组建评审组,到甲方气瓶检验现场进行条件评审和检验工作质量评审。计划评审时间:双方另行商定。

4.乙方责任:

(1)向受理机构提交评审报告并对评审结论负责;

(2)维护被评审方的合法权益,对被评审方的资料、企业管理、经营战略及对被评审方提出的保密事项严格保密。

5.甲方责任:

(1)甲方为乙方①提供工作条件;②为乙方实施评审提供往返差旅费、市内交通以及住宿费用等。

(2)评审合格,到受理机关领取气瓶检验核准证后,需认真执行国家有关气瓶安全法规、行政规章,接受各级特种设备安全监察行政部门的安全监察。

二、工作条件和协作事项

向乙方提供质量体系文件一套和其他审查的技术、管理资料和相关见证材料,安排必要的审查办公处所和配合联系人员。

三、履行期限、地点和方式

1.按商定的日期到甲方实施评审工作。
2.向甲方交流评审意见。
3.向甲方提供评审报告。

四、验收标准和方式

乙方出具评审报告。

五、报酬及其支付方式

乙方完成专业技术工作(评审)需要的经费由甲方负担。共计(￥)元,大写金额:_____。

支付方式:信汇或现金。

本技术合同签订后一次性交付。

六、违约责任

技术服务违反本合同约定,违约方应按《中华人民共和国合同法》第七章的规定,承担违约责任。

七、争议的解决办法

在合同履行过程中发生争议,双方应当协商解决。

八、其他

未尽事宜,双方另行协商。

(后有附表)

附表

	单位名称	（盖章）		
委托方	法定代表人	（签字）	委托代理人	（签字）
	通讯地址			
甲方	邮政编号		联系人	
	电　话		传　真	
	开户银行			
	账　号		执收码	
服务方	单位名称			
	法定代表人	（签字）	委托代理人	（签字）
	通讯地址			
乙方	邮政编码		联系人	
	电　话		传　真	
	开　户			
	开户银行			
	账　号		执收码	

气瓶检验核准现场鉴定评审通知函

编号：

_____：

　　经协商,定于_____年_____月_____日至_____年_____月_____日对你单位进行现场鉴定评审,请做好有关准备。

　　对日程安排、评审组人员组成有意见,请在收到本通知函的5个工作日内提出书面意见。

鉴定评审机构：

　　　　　　　　　　　　　　年　月　日

　　　　　　　　　　　　　　（机构公章）

附:评审组成员名单

姓名	性别	工作单位	评审组中职务	证书编号	联系电话

注:本通知函一式四份,一份送申请单位,一份送许可实施机关,一份送许可实施机关的下一级质量技术监督部门,一份鉴定评审机构存档。

××省气瓶检验核准取(换)证评审首(末)次
会议参加人员签到表

申请单位:

序号	姓名	职务/职称	部门	日期	备注
1					
2					
3					
4					
5					
6					
7					
8					
9					
10					
11					
12					
13					
14					
15					
16					

气瓶检验核准鉴定评审记录(钢质焊接气瓶)

申请单位		负责人			
评审机构		评审日期	年	月	日

一、审查评定统计

关键项目数=　　　　　　　　　　关键项目合格率=

一般项目数=　　　　　　　　　　一般项目合格率=

二、评定标准

(1)具备条件:关键项目合格率100%,一般项目合格率90%。

(2)基本具备条件:关键项目合格率90%,一般项目合格率80%。

(3)不具备条件:关键项目合格率低于90%,一般项目合格率低于80%或带*项目有一项未满足者,即不能通过。

三、记录填写说明

1.审查结果填写:符合要求、有缺陷或不符合要求在相应格中打√;

2.审查情况填写:数字或相关简况;

3.存在问题填写:简单写明存在问题;

4.用黑色碳素笔填写。

四、钢质焊接气瓶检验核准评审记录表

表中带*号的代表极为重要的项目,此类项目若有一项不合格则取消鉴定评审。

1.资源条件

序号	审查项目	审查内容与要求	审查类别	审查结果			审查情况及存在问题
				符合	有缺陷	不符合	
1	组织机构	检验站必须是独立的检验机构,具有法人代表或法人代表委托人,有营业执照、组织机构代码证	关键				
		建立以站长(经理)负责的管理体制,人员分工明确,责任落实	关键				
2	员工人数	应有正式全职聘用劳动合同的员工不少于10人	关键				
3	负责人(站长)	应当是专业工程技术人员,有较强的管理水平和组织领导能力,熟悉气瓶行业的法律、法规和检验业务	关键				

序号	审查项目	审查内容与要求	审查类别	审查结果			审查情况及存在问题
				符合	有缺陷	不符合	
4*	技术负责人(兼质量负责人)	应配备一名相关专业具有工程师以上职称、持检验员证或压力容器检验师任职资格的具有岗位需要的业务水平和组织能力	关键				
		考核对气瓶行业的法律、法规、安全技术规范标准和检验业务的熟悉程度	关键				
5*	检验员	应具有与检验工作相适应持证的气瓶检验员,且不少于2名	关键				
		考核了解检验员,贯彻执行标准,判断处理缺陷的能力和操作技能	关键				
6	操作员	配备一定数量经过业务培训的,与检验工作相适应的操作人员和气瓶附件维修人员	一般				
		对操作人员按岗位进行应知应会提问,了解操作技能水平	一般				
7	安全员	应设安全员,负责检验安全工作,且能履行检查职责	一般				
8	无损检测人员	有Ⅱ级射线人员1~2名	一般				
9*	残气(液)处理装置	有毒、可燃气体或残余液体有符合环保消防要求的回收、置换和处理装置	关键				
10	蒸汽吹扫和水洗装置	有可靠的汽源和水洗装置能满足瓶内清理要求	关键				
11	气瓶外表面清理装置	除锈清理效果良好,能满足检验工作要求	一般				
12*	水压试验装置	应设电接点压力表和时间继电器,试验装置能满足有关标准要求,状况良好	关键				
13	倒水装置	操作安全、方便	一般				
14	瓶阀试验装置	能做全开、全闭、任意状态的气密试验	关键				
15	专用工具	有检验气瓶表面缺陷的量具、卡具及样板、放大镜等	一般				
		应有螺纹量规、丝锥	关键				
		有检修瓶阀的工具、量具、虎钳和工作台	一般				
		有钢印滚压机、打字枪等打字装置	一般				
		处理报废气瓶用的设备或工具	一般				
		有焊缝检验尺;有修磨气瓶外表缺陷的手提砂轮机等工具	一般				

序号	审查项目	审查内容与要求	审查类别	审查结果			审查情况及存在问题
				符合	有缺陷	不符合	
16	内部检验照明装置	有内窥镜或有足够亮度的照明(电压小于24 V)、观察装置	关键				
17	测厚仪	误差不大于±0.1 mm,仪器状况良好	关键				
18	称重衡器	最大称量值为气瓶重量的1.5~3.0倍,且校验有效	关键				
19	气瓶内部干燥装置	干燥温度符合规定,干燥效果良好,能满足盛装介质质量要求	一般				
20	气密试验装置	符合有关标准要求,状况良好	关键				
21	计算机管理	建立了满足特种设备动态监督管理要求的气瓶检验数据交换系统	关键				
22	特种设备	在用锅炉压力容器应按规定办理使用登记手续,并定期检验	关键				
23	无损检测设备	满足规定要求,如委托其他单位检验应有委托工作凭证	一般				
24	喷涂装置	有喷涂气瓶漆色、色环和字样的装置,能满足喷涂质量要求	一般				
25	检验站设置,建筑	应符合有关防火、防爆、环境保护和劳动保护的要求	关键				
		对有毒、可燃气体气瓶检验应有消防设施,符合环保、消防要求	关键				
26	检验作业场地	场地面积应与检验工作量相适应	关键				
		待检瓶与待发瓶分区存放	一般				
		各检验设备的布置应与检验流程相吻合	一般				
		气密试验场地周围应有可靠的安全设施,检验区域中应留出必要的安全通道	一般				
27	气、水排放处理	应符合有关安全环保规定	一般				
28	气瓶报废场地和安全设施	报废气瓶应集中存放,应集中在较安全地点进行气瓶破坏处理作业	一般				
29*	固定资产	固定资产总值不低于60万元,具有承担检验责任过失的赔偿能力(不低于50万元)	关键				

评审员:　　　　　　　单位负责人:　　　　　　　日期:　　年　月　日

2.质量管理体系

序号	审查项目	审查内容与要求	审查类别	审查结果			审查情况及存在问题
				符合	有缺陷	不符合	
1*	编制《质量手册》及任命责任人员	应由站长(经理)正式签发的颁布令和任命书	关键				
2	组织机构图	机构设置合理、关系明确,便于开展工作	一般				
3	检验工艺流程图	能正确指导检验工作	一般				
4	检验工艺规程	应包括检验程序、检验项目要求、评定标准和所采用设备、检测仪器、工卡量具等内容	关键				
5	质量管理体系运转情况	能有效地控制质量,有工作见证	关键				
6	岗位职责、权限	建立有站长岗位职责权限,并能行使其职责	一般				
		建立有技术负责人岗位职责权限,并能行使其职责	一般				
		建立有质量负责人岗位职责权限,并能行使其职责	一般				
		建立有检验员岗位职责权限,并能行使其职责	一般				
		建立有安全员岗位职责权限,并能行使其职责	一般				
		建立有操作员岗位职责权限,并能行使其职责	一般				
		建立有气瓶附件维修员岗位职责权限,并能行使其职责	一般				
		建立有档案资料员岗位职责权限,并能行使其职责	一般				
7	安全操作规程	应建立残气回收、处理、置换装置安全操作规程	关键				
		瓶阀装卸机安全操作规程	关键				
		除锈机安全操作规程	关键				
		水压试验装置安全操作规程	关键				
		气密试验安全操作规程	关键				
		瓶阀试验安全操作规程	关键				
		空压机安全操作规程	一般				
8	检验设备管理	应建立检验设备台账,实行专人专管。定期对有关设备及安全附件进行校验	一般				

序号	审查项目	审查内容与要求	审查类别	审查结果			审查情况及存在问题
				符合	有缺陷	不符合	
9	检验质量	应有检验工艺管理、检验报告、判废通知书等签发审批规定	一般				
10	档案资料管理	应有专人管理,建档立卡	一般				
11	检验质量信息反馈	有检验信息收集、登记和处理情况工作凭证	一般				
12	责任制、规程、制度规范化	编制成册,岗位责任制、安全操作规程上墙	关键				
13	必备法规标准	特种设备安全监察条例	一般				
		气瓶安全监察规定	一般				
		气瓶安全监察规程	一般				
		特种设备检验检测机构核准规则	一般				
		特种设备检验检测机构鉴定评审细则	一般				
		特种设备检验检测机构质量管理体系要求	一般				
		气瓶定期检验站技术条件	一般				
		钢质焊接气瓶定期检验与评定	一般				
		钢质焊接气瓶	一般				
		气瓶颜色标志	一般				
		气瓶水压试验方法	一般				
		气瓶气密性试验方法	一般				
		液氯瓶阀	一般				
		液氨瓶阀					
14	规章制度	气瓶收发登记管理制度	一般				
		气瓶检验安全管理制度	一般				
		气瓶检验质量管理制度	关键				
		气瓶检验报告、判废通知书签发制度	关键				
		气瓶检验设备、工器具管理制度	一般				
		检验设备档案、检验资料管理制度	一般				
		人员培训考核制度	一般				
		接受安全监察及信息反馈制度	一般				
		气瓶报废处理管理制度	一般				
		锅炉压力容器使用登记、定期检验管理制度	一般				
15	规章制度执行情况	有执行各项制度的措施,抽查2~3种管理制度执行情况	关键				

评审员: 单位负责人: 日期: 年 月 日

3.检验工作质量

序号	审查项目	审查内容与要求	审查类别	审查结果			审查情况及存在问题
				符合	有缺陷	不符合	
1	检验工作依据	应有与检验工作范围相适应的技术标准文件和规程	一般				
2	检验工作程序	能按制定的检验工艺规程,正确进行检验作业	关键				
3	检验报告(抽查近年来)30～50份检验报告	检验项目齐全,填写完整、正确	关键				
		质量评定符合标准要求	关键				
		评定结论准确,用语规范	关键				
		报告签发、审批符合制度规定,签署完备	一般				
4	检验质量动态考核	现场跟踪抽考3只气瓶的检验全过程,检验质量应合格	关键				
		检验钢印标志应符合要求	关键				
		检验色标,气瓶色标涂敷应符合要求	一般				
		气瓶抽真空或置换处理符合要求	关键				
		检验报告或判废通知书填写、签署是否及时和符合要求	一般				
5	检验档案资料管理	检验档案资料齐全,填写正确,一瓶一卡	关键				
		有保管档案资料柜,保存期不应少于一个检验周期	一般				
6*	试检验工作	申请首次核准和增项核准的单位有试检验工作监督指导单位确认检验能力能够满足检验工作需要的证明	关键				

评审员:　　　　　　单位负责人:　　　　　　日期:　年　月　日

气瓶检验核准鉴定评审记录(溶解乙炔气瓶)

申请单位		负责人		
评审机构		评审日期	年　月　日	

一、审查评定统计

关键项目数＝　　　　　　　　　　　　　　关键项目合格率＝

一般项目数＝　　　　　　　　　　　　　　一般项目合格率＝

二、评定标准

(1) 具备条件:关键项目合格率100%,一般项目合格率90%。

(2) 基本具备条件:关键项目合格率90%,一般项目合格率80%。

(3) 不具备条件:关键项目合格率低于90%,一般项目合格率低于80%或带＊项目有一项未满足者,即不能通过。

三、记录填写说明

1. 审查结果填写:符合要求、有缺陷或不符合要求在相应格中打√;
2. 审查情况填写:数字或相关简况;
3. 存在问题填写:简单写明存在问题;
4. 用黑色碳素笔填写。

四、溶解乙炔气瓶检验核准评审记录表

表中带＊号的代表极为重要的项目,此类项目若有一项不合格则取消鉴定评审。

1. 资源条件

序号	审查项目	审查内容与要求	审查类别	审查结果			审查情况及存在问题
				符合	有缺陷	不符合	
1	组织机构	检验站必须是独立的检验机构,具有法人代表或法人代表委托人,有营业执照、组织机构代码证	关键				
		建立以站长(经理)负责的管理体制,人员分工明确,责任落实	关键				
2	员工人数	应有正式全职聘用劳动合同的员工不少于10人	关键				
3	负责人(站长)	应当是专业工程技术人员,有较强的管理水平和组织领导能力,熟悉气瓶行业的法律、法规和检验业务	关键				
4＊	技术负责人(兼质量负责人)	应配备一名相关专业具有工程师以上职称、持检验员证或压力容器检验师任职资格的具有岗位需要的业务水平和组织能力	关键				
		考核对气瓶行业的法律、法规、安全技术规范标准和检验业务的熟悉程度	关键				

序号	审查项目	审查内容与要求	审查类别	审查结果			审查情况及存在问题
				符合	有缺陷	不符合	
5*	检验员	应具有与检验工作相适应持证的气瓶检验员,且不少于2名	关键				
		考核了解检验员,贯彻执行标准,判断处理缺陷的能力和操作技能	关键				
6	操作员	配备一定数量经过业务培训的,与检验工作相适应的操作人员和气瓶附件维修人员	一般				
		对操作人员按岗位进行应知应会提问,了解操作技能水平	一般				
7	安全员	应设安全员,负责检验安全工作,且能履行检查职责	一般				
8	无损检测人员	有Ⅱ级射线人员1~2名	一般				
9*	乙炔回收置换装置	对余气压力≥0.05 MPa的乙炔瓶应进行余气回收;回收装置应安全可靠	关键				
10	气瓶外表面清理装置	除锈清理效果良好,能满足检验工作要求	一般				
11*	气压试验装置	试验介质应符合GB3864《工业用气态氮》中Ⅱ类2级要求,且经过干燥	关键				
		试压装置应符合GB13003标准的规定	关键				
		试验装置应满足规定要求,设备状态良好	关键				
12	瓶阀试验装置	能做全开、全闭、任意状态的气密试验	关键				
13*	测量填料间隙的专用塞尺	能满足测量要求	关键				
14	专用工具	有检验气瓶表面缺陷的量具、卡具及样板、放大镜等	一般				
		应有螺纹量规、丝锥	关键				
		有检修瓶阀的工具、量具、虎钳和工作台	一般				
		有钢印滚压机、打字枪等打字装置	一般				
		处理报废气瓶用的设备或工具	一般				
		有焊缝检验尺;有修磨气瓶外表缺陷的手提砂轮机等工具	一般				

序号	审查项目	审查内容与要求	审查类别	审查结果			审查情况及存在问题
				符合	有缺陷	不符合	
15	测厚仪	误差不大于±0.1 mm,仪器状况良好	关键				
16	称重衡器	最大称量值为气瓶重量的1.5～3.0倍,且校验有效	关键				
17	气瓶干燥装置	干燥效果良好	一般				
18	计算机管理	建立了满足特种设备动态监督管理要求的气瓶检验数据交换系统	关键				
19	特种设备	在用压力容器应按规定办理使用登记手续,并定期检验	关键				
20	无损检测设备	满足规定要求,如委托其他单位检测应有委托工作凭证	一般				
21	喷涂装置	有喷涂气瓶漆色、色环和字样的装置,能满足喷涂质量要求	一般				
22	检验站设置,建筑	应符合有关防火、防爆、环境保护和劳动保护的要求	关键				
		对气瓶检验站应有消防设施,符合消防要求	关键				
23	检验作业场地	场地面积应与检验工作量相适应	关键				
		待检瓶与待发瓶分区存放	一般				
		各检验设备的布置应与检验流程相吻合	一般				
		气密试验场地周围应有可靠的安全设施,检验区域中应留出必要的安全通道	一般				
24	气瓶报废场地和安全设施	报废气瓶应集中存放,应集中在较安全地点进行气瓶破坏处理作业	一般				
25*	固定资产	固定资产总值不低于60万元,具有承担检验责任过失的赔偿能力(不低于50万元)	关键				

评审员：　　　　　　　　单位负责人：　　　　　　　日期：　　年　月　日

2.质量管理体系

序号	审查项目	审查内容与要求	审查类别	审查结果			审查情况及存在问题
				符合	有缺陷	不符合	
1*	编制《质量手册》及任命责任人员	应由站长(经理)正式签发的颁布令和任命书	关键				
2	组织机构图	机构设置合理、关系明确,便于开展工作	一般				
3	检验工艺流程图	能正确指导检验工作	一般				
4	检验工艺规程	应包括检验程序、检验项目要求、评定标准和所采用设备、检测仪器、工卡量具等内容	关键				
5	质量管理体系运转情况	能有效地控制质量,有工作见证	关键				
6	岗位职责、权限	建立有站长岗位职责权限,并能行使其职责	一般				
		建立有技术负责人岗位职责权限,并能行使其职责	一般				
		建立有质量负责人岗位职责权限,并能行使其职责	一般				
		建立有检验员岗位职责权限,并能行使其职责	一般				
		建立有安全员岗位职责权限,并能行使其职责	一般				
		建立有操作员岗位职责权限,并能行使其职责	一般				
		建立有气瓶附件维修员岗位职责权限,并能行使其职责	一般				
		建立有档案资料员岗位职责权限,并能行使其职责	一般				
7	安全操作规程	应建立残气回收、处理、置换装置安全操作规程	关键				
		瓶阀装卸机安全操作规程	关键				
		除锈机安全操作规程	关键				
		水压试验装置安全操作规程	关键				
		气密试验安全操作规程	关键				
		瓶阀试验安全操作规程	关键				
		真空泵安全操作规程	一般				
8	检验设备管理	应建立检验设备台账,实行专人专管,定期对有关设备及安全附件进行校验	一般				

序号	审查项目	审查内容与要求	审查类别	审查结果			审查情况及存在问题
				符合	有缺陷	不符合	
9	检验质量	应有检验工艺管理、检验报告、判废通知书等签发审批规定	一般				
10	档案资料管理	应有专人管理,建档立卡	一般				
11	检验质量信息反馈	有检验信息收集、登记和处理情况工作凭证	一般				
12	责任制、规程、制度规范化	编制成册,岗位责任制、安全操作规程上墙	关键				
13	必备法规标准	特种设备安全监察条例	一般				
		气瓶安全监察规定	一般				
		溶解乙炔气瓶安全监察规程	一般				
		特种设备检验检测机构核准规则	一般				
		特种设备检验检测机构鉴定评审细则	一般				
		特种设备检验检测机构质量管理体系要求	一般				
		气瓶定期检验站技术条件	一般				
		溶解乙炔气瓶定期检验与评定	一般				
		溶解乙炔气瓶	一般				
		气瓶颜色标志	一般				
		溶解乙炔气瓶气压试验方法	一般				
		溶解乙炔气瓶阀	一般				
14	规章制度	气瓶收发登记管理制度	一般				
		气瓶检验安全管理制度	一般				
		气瓶检验质量管理制度	关键				
		气瓶检验报告、判废通知书签发制度	关键				
		气瓶检验设备、工器具管理制度	一般				
		检验设备档案、检验资料管理制度	一般				
		人员培训考核制度	一般				
		接受安全监察及信息反馈制度	一般				
		气瓶报废处理管理制度	一般				
		压力容器使用登记、定期检验管理制度	一般				
15	规章制度执行情况	有执行各项制度的措施,抽查2～3种管理制度执行情况	关键				

评审员:　　　　　　　　单位负责人:　　　　　　　日期:　　年　月　日

3. 检验工作质量

序号	审查项目	审查内容与要求	审查类别	审查结果			审查情况及存在问题
				符合	有缺陷	不符合	
1	检验工作依据	应有与检验工作范围相适应的技术标准文件和规程	一般				
2	检验工作程序	能按制定的检验工艺规程,正确进行检验作业	关键				
3	检验报告(抽查近年来)30～50份检验报告	检验项目齐全,填写完整、正确	关键				
		质量评定符合标准要求	关键				
		评定结论准确,用语规范	关键				
		报告签发、审批符合制度规定,签署完备	一般				
4	检验质量动态考核	现场跟踪抽考 3 只气瓶的检验全过程,检验质量应合格	关键				
		检验钢印标志应符合要求	关键				
		检验色标,气瓶色标涂敷应符合要求	一般				
		气瓶抽真空或置换处理符合要求	关键				
		检验报告或判废通知书填写、签署是否及时和符合要求	一般				
5	检验档案资料管理	检验档案资料齐全,填写正确,一瓶一卡	关键				
		有保管档案资料柜,保存期不应少于一个检验周期	一般				
6*	试检验工作	申请首次核准和增项核准的单位有试检验工作监督指导单位确认检验能力能够满足检验工作需要的证明	关键				

评审员：　　　　　　　　　　单位负责人：　　　　　　　　日期：　　年　月　日

气瓶检验核准鉴定评审记录(液化石油气钢瓶)

申请单位		负责人		
评审机构		评审日期		年　月　日

一、审查评定统计

关键项目数 ＝　　　　　　　　　　　　关键项目合格率 ＝

一般项目数 ＝　　　　　　　　　　　　一般项目合格率 ＝

二、评定标准

(1)具备条件:关键项目合格率 100%,一般项目合格率 90%。

(2)基本具备条件:关键项目合格率 90%,一般项目合格率 80%。

(3)不具备条件:关键项目合格率低于 90%,一般项目合格率低于 80%或带＊项目有一项未满足者,即不能通过。

三、记录填写说明

1.审查结果填写:符合要求、有缺陷或不符合要求在相应格中打√;

2.审查情况填写:数字或相关简况;

3.存在问题填写:简单写明存在问题;

4.用黑色碳素笔填写。

四、液化石油气钢瓶检验核准评审记录表

表中带＊号的代表极为重要的项目,此类项目若有一项不合格则取消鉴定评审。

1.资源条件

序号	审查项目	审查内容与要求	审查类别	审查结果			审查情况及存在问题
				符合	有缺陷	不符合	
1	组织机构	检验站必须是独立的检验机构,具有法人代表或法人代表委托人,有营业执照、组织机构代码证	关键				
		建立以站长(经理)负责的管理体制,人员分工明确,责任落实	关键				
2	员工人数	应有正式全职聘用劳动合同的员工不少于 10 人	关键				
3	负责人(站长)	应当是专业工程技术人员,有较强的管理水平和组织领导能力,熟悉气瓶行业的法律、法规和检验业务	关键				
4＊	技术负责人(兼质量负责人)	应配备一名相关专业具有工程师以上职称,持检验员证或压力容器检验师任职资格的具有岗位需要的业务水平和组织能力	关键				
		考核对气瓶行业的法律、法规、安全技术规范标准和检验业务的熟悉程度	关键				

序号	审查项目	审查内容与要求	审查类别	审查结果			审查情况及存在问题
				符合	有缺陷	不符合	
5*	检验员	应具有与检验工作相适应持证的气瓶检验员,且不少于2名	关键				
		考核了解检验员,贯彻执行标准,判断处理缺陷的能力和操作技能	关键				
6	操作员	配备一定数量经过业务培训的,与检验工作相适应的操作人员和气瓶附件维修人员	一般				
		对操作人员按岗位进行应知应会提问,了解操作技能水平	一般				
7	安全员	应设安全员,负责检验安全工作,且能履行检查职责	一般				
8	无损检测人员	应有Ⅱ级射线人员1~2名	一般				
9*	残液回收处理装置	有残液回收装置(包括残液罐);残液的回收和处理应符合环境保护和安全要求	关键				
10	蒸汽吹扫或焚烧装置	蒸汽吹扫装置有可靠的汽源或焚烧炉焚烧时间和温度能满足要求	关键				
		经蒸汽吹扫或焚烧后测定瓶内可燃气体浓度≤0.4%	关键				
11	可燃气体浓度测试仪	仪器状况良好,报警灵敏	关键				
12	气瓶外表面清理装置	除锈清理效果良好,能满足检验工作要求	一般				
13*	水压试验装置	应设电接点压力表和时间继电器,试验装置能满足有关标准要求,状况良好	关键				
14	倒水装置	操作安全、方便	一般				
15	瓶阀试验装置	能做全开、全闭、任意状态的气密试验	关键				
16	专用工具	有检验气瓶表面缺陷的量具、卡具及样板、放大镜等	一般				
		应有螺纹量规、丝锥	关键				
		有检修瓶阀的工具、量具、虎钳和工作台	一般				
		有钢印滚压机、打字枪等打字装置	一般				
		处理报废气瓶用的设备或工具	一般				
		有焊缝检验尺;有修磨气瓶外表缺陷的手提砂轮机等工具	一般				

续表

序号	审查项目	审查内容与要求	审查类别	审查结果			审查情况及存在问题
				符合	有缺陷	不符合	
17	内部检验照明装置	有内窥镜或有足够亮度的照明(电压小于24 V)、观察装置	关键				
18	测厚仪	误差不大于±0.1 mm,仪器状况良好	关键				
19	称重衡器	最大称量值为气瓶重量的1.5～3.0倍,且校验有效	关键				
20	气密试验装置	符合有关标准要求,状况良好	关键				
21	计算机管理	建立满足特种设备动态监督管理要求的气瓶检验数据交换系统	关键				
22	特种设备	在用锅炉压力容器应按规定办理使用登记手续,并定期检验	关键				
23	焊接设备	能满足焊接活动护罩需要	一般				
24	无损检测设备	满足规定要求,如委托其他单位检验应有委托工作凭证	一般				
25	喷涂装置	有喷涂气瓶漆色、色环和字样的装置,能满足喷涂质量要求	一般				
26	检验站设置,建筑	应符合有关防火、防爆、环境保护和劳动保护的要求	关键				
		对气瓶检验站应有消防设施,符合消防要求	关键				
27	检验作业场地	场地面积应与检验工作量相适应	关键				
		待检瓶与待发瓶分区存放	一般				
		各检验设备的布置应与检验流程相吻合	一般				
		气密试验场地周围应有可靠的安全设施,检验区域中应留出必要的安全通道	一般				
28	气、水排放处理	应符合有关安全环保规定	一般				
29	气瓶报废场地和安全设施	报废气瓶应集中存放,应集中在较安全地点进行气瓶破坏处理作业	一般				
30*	固定资产	固定资产总值不低于60万元,具有承担检验责任过失的赔偿能力(不低于50万元)	关键				

评审员:　　　　　　　　单位负责人:　　　　　　　日期:　　年　月　日

2.质量管理体系

序号	审查项目	审查内容与要求	审查类别	审查结果			审查情况及存在问题
				符合	有缺陷	不符合	
1*	编制《质量手册》及任命责任人员	应由站长(经理)正式签发的颁布令和任命书	关键				
2	组织机构图	机构设置合理、关系明确、便于开展工作	一般				
3	检验工艺流程图	能正确指导检验工作	一般				
4	检验工艺规程	应包括检验程序、检验项目要求、评定标准和所采用设备、检测仪器、工卡量具等内容	关键				
5	质量管理体系运转情况	能有效地控制质量,有工作见证	关键				
6	岗位职责、权限	建立有站长岗位职责权限,并能行使其职责	一般				
		建立有技术负责人岗位职责权限,并能行使其职责	一般				
		建立有质量负责人岗位职责权限,并能行使其职责	一般				
		建立有检验员岗位职责权限,并能行使其职责	一般				
		建立有安全员岗位职责权限,并能行使其职责	一般				
		建立有操作员岗位职责权限,并能行使其职责	一般				
		建立有气瓶附件维修员岗位职责权限,并能行使其职责	一般				
		建立有档案资料员岗位职责权限,并能行使其职责	一般				
7	安全操作规程	应建立残气回收、处理、置换装置安全操作规程	关键				
		瓶阀装卸机安全操作规程	关键				
		除锈机安全操作规程	关键				
		水压试验装置安全操作规程	关键				
		气密试验安全操作规程	关键				
		瓶阀试验安全操作规程	关键				
		空压机安全操作规程	一般				

续表

序号	审查项目	审查内容与要求	审查类别	审查结果			审查情况及存在问题
				符合	有缺陷	不符合	
8	检验设备管理	应建立检验设备台账,实行专人专管,定期对有关设备及安全附件进行校验	一般				
9	检验质量	应有检验工艺管理、检验报告、判废通知书等签发审批规定	一般				
10	档案资料管理	应有专人管理,建档立卡	一般				
11	检验质量信息反馈	有检验信息收集、登记和处理情况工作凭证	一般				
12	责任制、规程、制度规范化	编制成册,岗位责任制、安全操作规程上墙	关键				
13	必备法规标准	特种设备安全监察条例	一般				
		气瓶安全监察规定	一般				
		气瓶安全监察规程	一般				
		特种设备检验检测机构核准规则	一般				
		特种设备检验检测机构鉴定评审细则	一般				
		特种设备检验检测机构质量管理体系要求	一般				
		气瓶定期检验站技术条件	一般				
		液化石油气钢瓶定期检验与评定	一般				
		液化石油气钢瓶	一般				
		气瓶颜色标志	一般				
		气瓶水压试验方法	一般				
		气瓶气密性试验方法	一般				
		液化石油气瓶阀	一般				
14	规章制度	气瓶收发登记管理制度	一般				
		气瓶检验安全管理制度	一般				
		气瓶检验质量管理制度	关键				
		气瓶检验报告、判废通知书签发制度	关键				
		气瓶检验设备、工器具管理制度	一般				
		检验设备档案、检验资料管理制度	一般				
		人员培训考核制度	一般				
		接受安全监察及信息反馈制度	一般				
		气瓶报废处理管理制度	一般				
		锅炉压力容器使用登记、定期检验管理制度	一般				
15	规章制度执行情况	有执行各项制度的措施,抽查2～3种管理制度执行情况	关键				

评审员：　　　　　　　　　　单位负责人：　　　　　　　　日期：　年　月　日

3.检验工作质量

序号	审查项目	审查内容与要求	审查类别	审查结果			审查情况及存在问题
				符合	有缺陷	不符合	
1	检验工作依据	应有与检验工作范围相适应的技术标准文件和规程	一般				
2	检验工作程序	能按制定的检验工艺规程,正确进行检验作业	关键				
3	检验报告(抽查近年来)30～50份检验报告	检验项目齐全,填写完整、正确	关键				
		质量评定符合标准要求	关键				
		评定结论准确,用语规范	关键				
		报告签发、审批符合制度规定,签署完备	一般				
4	检验质量动态考核	现场跟踪抽考3只气瓶的检验全过程,检验质量应合格	关键				
		检验钢印标志应符合要求	关键				
		检验色标,气瓶色标涂敷应符合要求	一般				
		气瓶抽真空或置换处理符合要求	关键				
		检验报告或判废通知书填写、签署是否及时和符合要求	一般				
5	检验档案资料管理	检验档案资料齐全,填写正确,一瓶一卡	关键				
		有保管档案资料柜,保存期不应少于一个检验周期	一般				
6*	试检验工作	申请首次核准和增项核准的单位有试检验工作监督指导单位确认检验能力能够满足检验工作需要的证明	关键				

评审员: 　　　　　　　　单位负责人: 　　　　　　日期: 年 月 日

气瓶检验核准鉴定评审记录(钢质无缝气瓶)

申请单位		负责人			
评审机构		评审日期		年 月	日

一、审查评定统计

关键项目数 =　　　　　　　　　　　　关键项目合格率 =

一般项目数 =　　　　　　　　　　　　一般项目合格率 =

二、评定标准

(1)具备条件:关键项目合格率 100%,一般项目合格率 90%。

(2)基本具备条件:关键项目合格率 90%,一般项目合格率 80%。

(3)不具备条件:关键项目合格率低于 90%,一般项目合格率低于 80% 或带 * 项目有一项未满足者,即不能通过。

三、记录填写说明

1.审查结果填写:符合要求、有缺陷或不符合要求在相应格中打√;

2.审查情况填写:数字或相关简况;

3.存在问题填写:简单写明存在问题;

4.用黑色碳素笔填写。

四、钢质无缝气瓶检验核准评审记录表

表中带 * 号的代表极为重要的项目,此类项目若有一项不合格则取消鉴定评审。

1.资源条件

序号	审查项目	审查内容与要求	审查类别	审查结果			审查情况及存在问题
				符合	有缺陷	不符合	
1	组织机构	检验站必须是独立的检验机构,具有法人代表或法人代表委托人,有营业执照、组织机构代码证	关键				
		建立以站长(经理)负责的管理体制,人员分工明确,责任落实	关键				
2	员工人数	应有正式全职聘用劳动合同的员工不少于 10 人	关键				
3	负责人(站长)	应当是专业工程技术人员,有较强的管理水平和组织领导能力,熟悉气瓶行业的法律、法规和检验业务	关键				
4*	技术负责人(兼质量负责人)	应配备一名相关专业具有工程师以上职称、持检验员证或压力容器检验师任职资格的具有岗位需要的业务水平和组织能力	关键				
		考核对气瓶行业的法律、法规、安全技术规范标准和检验业务的熟悉程度	关键				

序号	审查项目	审查内容与要求	审查类别	审查结果			审查情况及存在问题
				符合	有缺陷	不符合	
5*	检验员	应具有与检验工作相适应持证的气瓶检验员,且不少于2名	关键				
		考核了解检验员,贯彻执行标准,判断处理缺陷的能力和操作技能	关键				
6	操作员	配备一定数量经过业务培训的,与检验工作相适应的操作人员和气瓶附件维修人员	一般				
		对操作人员按岗位进行应知应会提问,了解操作技能水平	一般				
7	安全员	应设安全员,负责检验安全工作,且能履行检查职责	一般				
8*	残气(液)处理装置	有毒、可燃气体或残余液体有符合环保消防要求的回收、置换和处理装置	关键				
9	瓶阀装卸装置	瓶阀装卸方便、可靠,对瓶体无损伤	关键				
10	防震胶圈装卸装置	胶圈装卸方便、可靠	一般				
11	气瓶外内表面清理装置	除锈清理效果良好,能满足检验工作要求	一般				
		瓶内附有油脂的气瓶,还需要配备蒸汽吹扫装置	一般				
12*	水压试验装置	应设电接点压力表和时间继电器,试验装置能满足有关标准要求,状况良好	关键				
13	倒水装置	操作安全、方便	一般				
14	瓶阀试验装置	能做全开、全闭、任意状态的气密试验	关键				
15	专用工具	有检验气瓶表面缺陷的量具、卡具及样板、放大镜等	一般				
		应有螺纹量规、丝锥	关键				
		有检修瓶阀的工具、量具,虎钳和工作台	一般				
		有钢印滚压机、打字枪等打字装置	一般				
		处理报废气瓶用的设备或工具	一般				
16	内部检验照明装置	有内窥镜或有足够亮度的照明(电压小于24 V)、观察装置	关键				

序号	审查项目	审查内容与要求	审查类别	审查结果			审查情况及存在问题
				符合	有缺陷	不符合	
17	测厚仪	误差不大于±0.1 mm,仪器状况良好	关键				
18	称重衡器	最大称量值为气瓶重量的1.5~3.0倍,且校验有效	关键				
19	气瓶内部干燥装置	干燥温度符合规定,干燥效果良好,能满足盛装介质质量要求	一般				
20	气密试验装置	符合有关标准要求,状况良好	关键				
21	计算机管理	建立了满足特种设备动态监督管理要求的气瓶检验数据交换系统	关键				
22	特种设备	在用锅炉压力容器应按规定办理使用登记手续,并定期检验	关键				
23	喷涂装置	有喷涂气瓶漆色、色环和字样的装置,能满足喷涂质量要求	一般				
24	检验站设置,建筑	应符合有关防火、防爆、环境保护和劳动保护的要求	关键				
		对有毒、可燃气体气瓶检验应有消防设施,符合环保、消防要求	关键				
25	检验作业场地	场地面积应与检验工作量相适应	关键				
		待检瓶与待发瓶分区存放	一般				
		各检验设备的布置应与检验流程相吻合	一般				
		气密试验场地周围应有可靠的安全设施,检验区域中应留出必要的安全通道	一般				
26	气、水排放处理	应符合有关安全环保规定	一般				
27	气瓶报废场地和安全设施	报废气瓶应集中存放,应集中在较安全地点进行气瓶破坏处理作业	一般				
28*	固定资产	固定资产总值不低于60万元,具有承担检验责任过失的赔偿能力(不低于50万元)	关键				

评审员: 单位负责人: 日期: 年 月 日

2.质量管理体系

序号	审查项目	审查内容与要求	审查类别	审查结果			审查情况及存在问题
				符合	有缺陷	不符合	
1*	编制《质量手册》及任命责任人员	应由站长(经理)正式签发的颁布令和任命书	关键				
2	组织机构图	机构设置合理、关系明确,便于开展工作	一般				
3	检验工艺流程图	能正确指导检验工作	一般				
4	检验工艺规程	应包括检验程序、检验项目要求、评定标准和所采用设备、检测仪器、工卡量具等内容	关键				
5	质量管理体系运转情况	能有效地控制质量,有工作见证	关键				
6	岗位职责、权限	建立有站长岗位职责权限,并能行使其职责	一般				
		建立有技术负责人岗位职责权限,并能行使其职责	一般				
		建立有质量负责人岗位职责权限,并能行使其职责	一般				
		建立有检验员岗位职责权限,并能行使其职责	一般				
		建立有安全员岗位职责权限,并能行使其职责	一般				
		建立有操作员岗位职责权限,并能行使其职责	一般				
		建立有气瓶附件维修员岗位职责权限,并能行使其职责	一般				
		建立有档案资料员岗位职责权限,并能行使其职责	一般				
7	安全操作规程	应建立残气回收、处理、置换装置安全操作规程	关键				
		瓶阀装卸机安全操作规程	关键				
		除锈机安全操作规程	关键				
		水压试验装置安全操作规程	关键				
		气密试验安全操作规程	关键				
		瓶阀试验安全操作规程	关键				
		空压机安全操作规程	一般				

序号	审查项目	审查内容与要求	审查类别	审查结果			审查情况及存在问题
				符合	有缺陷	不符合	
8	检验设备管理	应建立检验设备台账,实行专人专管,定期对有关设备及安全附件进行校验	一般				
9	检验质量	应有检验工艺管理、检验报告、判废通知书等签发审批规定	一般				
10	档案资料管理	应有专人管理,建档立卡	一般				
11	检验质量信息反馈	有检验信息收集、登记和处理情况工作凭证	一般				
12	责任制、规程、制度规范化	编制成册,岗位责任制、安全操作规程上墙	关键				
13	必备法规标准	特种设备安全监察条例	一般				
		气瓶安全监察规定	一般				
		气瓶安全监察规程	一般				
		特种设备检验检测机构核准规则	一般				
		特种设备检验检测机构鉴定评审细则	一般				
		特种设备检验检测机构质量管理体系要求	一般				
		气瓶定期检验站技术条件	一般				
		钢质无缝气瓶定期检验与评定	一般				
		汽车用压缩天然气钢瓶定期检验与评定	一般				
		钢质无缝气瓶	一般				
		汽车用压缩天然气钢瓶	一般				
		气瓶颜色标志	一般				
		气瓶水压试验方法	一般				
		气瓶气密性试验方法	一般				
		氧气瓶阀	一般				
		氩气瓶阀	一般				
		车用压缩天然气瓶阀	一般				

序号	审查项目	审查内容与要求	审查类别	审查结果			审查情况及存在问题
				符合	有缺陷	不符合	
14	规章制度	气瓶收发登记管理制度	一般				
		气瓶检验安全管理制度	一般				
		气瓶检验质量管理制度	关键				
		气瓶检验报告、判废通知书签发制度	关键				
		气瓶检验设备、工器具管理制度	一般				
		检验设备档案、检验资料管理制度	一般				
		人员培训考核制度	一般				
		接受安全监察及信息反馈制度	一般				
		气瓶报废处理管理制度	一般				
		锅炉压力容器使用登记、定期检验管理制度	一般				
15	规章制度执行情况	有执行各项制度的措施,抽查2~3种管理制度执行情况	关键				

评审员: 　　　　单位负责人: 　　　　日期: 年 月 日

3.检验工作质量

序号	审查项目	审查内容与要求	审查类别	审查结果			审查情况及存在问题
				符合	有缺陷	不符合	
1	检验工作依据	应有与检验工作范围相适应的技术标准文件和规程	一般				
2	检验工作程序	能按制定的检验工艺规程,正确进行检验作业	关键				
3	检验报告(抽查近年来)30~50份检验报告	检验项目齐全,填写完整、正确	关键				
		质量评定符合标准要求	关键				
		评定结论准确,用语规范	关键				
		报告签发、审批符合制度规定,签署完备	一般				
4	检验质量动态考核	现场跟踪抽考3只气瓶的检验全过程,检验质量应合格	关键				
		检验钢印标志应符合要求	关键				
		检验色标,气瓶色标涂敷应符合要求	一般				
		气瓶抽真空或置换处理符合要求	关键				
		检验报告或判废通知书填写、签署是否及时和符合要求	一般				
5	检验档案资料管理	检验档案资料齐全,填写正确,一瓶一卡	关键				
		有保管档案资料柜,保存期不应少于一个检验周期	一般				
6*	试检验工作	申请首次核准和增项核准的单位有试检验工作监督指导单位确认检验能力能够满足检验工作需要的证明	关键				

评审员: 　　　　单位负责人: 　　　　日期: 年 月 日

附件6

气瓶检验核准现场鉴定评审工作备忘录

第 　 页 共 　 页

由×××特种设备协会派出的评审组于_____年_____月_____日至
_____年_____月_____日对_____
进行了_____
现场评审,现就此次评审中发现的问题,作出下述记录或建议:

评审组已就上述问题和建议与申请单位交换了意见,并得到确认。

评审组长(签字)		日期	
申请单位负责人(签字)		日期	

· 127 ·

特种设备鉴定评审不符合项目通知书

编号：

　　　（申请单位名称）　　　　：

　　根据你单位的约请,本鉴定评审机构组织评审组进行了现场鉴定评审,发现以下不符合项目：

（评审机构公章）
年 月 日

气瓶检验核准鉴定评审签名表

申请单位：　　　　　　　　　　　　　　　　　鉴定评审日期：　年　月　日

组　成	姓　名	工作单位	职称职务	签　名
组　长				
评审员				
评审员				
评审员				
监察员				

评审结论：

其他说明：

气瓶检验核准鉴定评审表

编号：

申请单位			
单位地址			
单位负责人		联系电话	
受理机关	×××特种设备 安全监察处	受理日期	年 月 日
约请鉴定评审日期	年 月 日	完全鉴定评审日期	年 月 日
鉴定评审统计			
关键项目数		一般项目数	
关键项目合格率	%	一般项目合格率	%
评定标准			
(一)具备条件	关键项目合格率100%,一般项目合格率90%。		
(二)基本具备条件	关键项目合格率90%,一般项目合格率80%。		
(三)不具备条件	达不到(一)和(二)的规定条件,带※项有一项未满足者		
鉴定评定组成员			
姓名	工作单位	职称	职务

鉴定评定结论：

鉴定评审机构负责人：

日期： 年 月 日

（鉴定评审机构公章）

附录4 气瓶充装许可鉴定评审指南

1 引言

1.1 为贯彻执行《特种设备安全监察条例》和规范气瓶充装许可鉴定评审工作,根据《气瓶安全监察规定》、《气瓶充装许可规则》、《气瓶充装许可实施细则》(以下简称《瓶规》、《许可规则》、《实施细则》)的有关要求,特制定本指南。

1.2 本指南明确了气瓶充装许可首次申请、换证和增项的鉴定评审的程序、内容与要求,是气瓶充装许可鉴定评审的指导性文件。

本指南主要供申请气瓶充装许可的单位使用,气瓶充装许可鉴定评审的机构(以下简称"评审机构")也应按照本指南实施气瓶充装许可鉴定评审工作。

1.3 本指南由×××提出,报×××质量技术监督局特种设备安全监察处备案,予以颁布执行。

1.4 ×××是经国家质量监督检验检疫总局核准的特种设备行政许可证鉴定评审机构,承担×××质量技术监督局特种设备安全监察处受理的气瓶充装许可、检验核准鉴定评审工作。

1.5 气瓶充装许可鉴定评审要点见《瓶规》、《许可规则》、《实施细则》、《评审记录表》(附件5)。

1.6 许可程序为申请、受理、鉴定评审、审批与发证。鉴定评审的基本程序包括:约请鉴定评审、确认申请材料、鉴定评审日程安排、组成评审组、现场鉴定评审、整改确认和提交鉴定评审报告。

2 鉴定评审约请

2.1 申请单位收到受理机构的受理批复通知后,经自查认为基本条件、质量管理体系(已正常运转并可提供相关的见证性材料)已达到要求时,即可约请评审机构实施鉴定评审。

2.2 申请单位约请评审时须填《气瓶充装许可鉴定评审约请函》(附件1)报评审机构,同时提供以下资料各一份:

2.2.1 签署了受理意见的《申请书》。

2.2.2 质量手册、程序文件、作业指导书(技术文件)的目录。

2.2.3 综合自查报告。

2.2.4 营业执照、组织机构代码证复印件。

2.2.5 技术负责人、持证检查员和充装员证件复印件。

2.3 评审机构收到《约请函》及上述资料后,应及时对提交的资料进行确认,符合规定的,评审机构应当在10个工作日内作出鉴定评审的工作日程安排,并与申请单位商定具体的鉴定评审日期,确保评审机构在接受约请后3个月内完成现场鉴定评审工作;同时与申请单位签订《气瓶充装许可鉴定评审技术服务合同书》(附件2)和提供"鉴定评审指南"。

2.4 评审机构接受约请后应及时组织评审组,确定评审组长和评审组成员,评审组由3名以上(含3名)经特种设备安全监察机构考核合格的评审人员组成,一般由3~5人组成。

在实施现场鉴定评审的7日前,评审机构应当向申请单位寄发《气瓶充装许可鉴定评审通知函》(见附件3),并抄送受理机构和地市级的质量技术监督机构。

2.5 评审机构如不接受约请,应当在约请函上签署意见、说明原因,并且在收到约请函后的5个工作日内告知申请单位,退回提交的申请资料。

3 现场评审

3.1 现场评审时间一般不超过2~3个工作日内完成,评审组的评审工作特邀省或市特种设备安全监察机构派员参加。

3.2 鉴定评审工作应当遵循客观、公正、保密的原则。评审机构应当对鉴定评审的真实性、公正性和有效性负责。

3.3 现场评审重点及主要内容。

3.3.1 核查申请单位各项证明文件的真实性。

3.3.2 评审申请单位的人员、充装设备、装置、气体检测仪器、充装厂房、场地、设施等资源条件是否达到《气瓶充装站安全技术条件》的要求。

3.3.3 评审申请单位《质量手册》、质量管理体系文件的编制、建立与实施是否符合气瓶充装质量管理体系的要求。

3.3.4 评审气瓶充装工作质量。

3.3.5 考察申请单位的规模、能力和管理水平。

3.3.6 换证评审时,应核查上次取(换)证时存在问题是否得到整改以及质量体系运转、执行法规情况和充装工作质量情况。

3.4 评审组长对现场评审工作负全责,包括计划安排、人员分工、主持会议、编写《气瓶充装许可鉴定评审报告》(以下简称《评审报告》),对《评审报告》的真实性和公正性负责。

3.5 现场评审过程

3.5.1 预备会

评审组长向评审组成员布置评审计划,确定评审分工(通常分为资源条件组、质量体系组、充装工作质量组),明确评审方法,提出具体要求,宣布评审纪律等。

评审组长应邀请安全监察机构代表和申请单位主要负责人参加预备会议。

3.5.2 首次会议

评审组长主持,评审组成员及申请单位主要负责人、技术负责人、充装前后检查员、充装员、安全员等有关人员参加,安全监察机构代表参加,参加会议的人员在签到表上签到(附件4),程序包括:

3.5.2.1 双方介绍到会人员。

3.5.2.2 评审组长介绍评审依据、评审组成员及分工、评审计划安排,要求申请单位为三个评审小组安排配合人员。

3.5.2.3 申请单位负责人汇报气瓶充装许可取(换)证迎审准备工作情况的综合自查情况。

3.5.2.4 评审组长申明评审过程中所遵循的客观、公正、保密三项原则。

3.5.2.5 评审组长介绍评审主要内容、评审形式和方法。

3.5.2.6 评审组长介绍评审结论评定标准及结论形式。

3.5.2.7 申请单位应向评审组提供以下文件资料。

3.5.2.7.1 企业法人工商营业执照(正本)、税务登记证(正本)、组织机构代码证书(正本)。

3.5.2.7.2 质量手册、程序文件和作业指导书(相关技术文件及气瓶充装工艺)。

3.5.2.7.3 近期气瓶充装档案资料(充装前后检查记录、气瓶充装记录、气瓶收发登记表等)。

3.5.2.7.4 技术负责人、充装前后检查员、充装员、安全员的资格证书(原件)。

3.5.2.7.5 换证评审时应提供上次取(换证)时审查组所提出的整改意见和整改资料。

3.5.2.7.6 设备台账和设备档案、气瓶台账和气瓶档案。
若有压力容器等特种设备应提供特种设备使用登记证和定期检验资料。

3.5.2.7.7 充装人员及相关人员的培训学习考核记录及用户信息反馈记录资料。

3.5.2.7.8 安全阀、压力表、称重衡器等计量器具的校验、鉴定证件(报告)。

3.5.2.7.9 申请单位防雷电、防静电检测报告。

3.5.2.7.10 消防检查合格意见书。

3.5.2.8 监察机构代表讲话。

3.5.2.9 首次会议结束,巡视现场。

3.5.3 现场检查与评审

现场检查评审采取听取汇报、巡视、观察、询问、交谈、查阅文件记录档案、口试、笔试、现场跟踪、实际操作考核等方式进行,根据客观证据和实际考核情况填写《气瓶充装许可鉴定评审记录表》(附件5)。

增项评审时,按上述条款进行评审

换证评审时还应重点评审以下内容。

3.5.3.1 是否存在超出许可范围充装气瓶的行为。

3.5.3.2 对气瓶充装标准法规及相关标准法规的执行情况。

3.5.3.3 为用户服务情况和用户反馈意见处理情况。

3.5.3.4 有无重大质量事故。

3.5.3.5 上次取(换)证时存在问题的整改落实情况。

3.5.3.6 接受质量技术监督部门监督检查的情况。

3.5.4 评审组会议与评定意见的确定

评审结束后,评审组内部交流评审情况,研究发现的问题,讨论不符合要求项,按照《气瓶充装许可鉴定评审记录表》中评定标准初步确定评定意见。

3.5.5 交换意见

评审组与申请单位负责人及有关人员核实现场评审发现的问题,通报评定意见初稿,经交换意见确认符合要求项和不符合要求项,填写《评审记录表》,签署《鉴定评审工作备忘录》(附件6),并将副本交申请单位负责人。

3.5.6 末次会议

评审组长主持,评审组全体人员和申请单位的负责人、技术负责人及充装前后检查员、充装员、安全员、安全监察部门的代表参加,参加会议的人员签到。

主要程序包括:

3.5.6.1 评审组成员陈述现场评审情况。

3.5.6.2 评审组长宣读《评审概况》。

3.5.6.3 评审组长征询申请单位对评审工作的意见并告知申请单位的申诉权利和时限。

3.5.6.4 申请单位负责人发言。

3.5.6.5 安全监察机构代表讲话,对审查工作的客观公正性作出评价。

3.5.6.6 评审组成员及监察机构代表在《鉴定评审组人员名单》上签字(附件8)。

3.5.6.7 评审组长代表评审组对申请单位领导及员工对此次评审工作的支持与积极配合表示感谢! 对安全监察机构代表对评审工作的监督指导和支持表示感谢!

3.5.6.8 末次会议结束,散会。

4 鉴定评审报告

评审组应当在现场鉴定评审结束20个工作日内向省特种设备协会提交现场鉴定评审报告、评审记录表及有关见证材料,评审机构根据评审组提交的材料,对评审组的现场鉴定评审工作和《评审报告》进行评议,并根据情况分别作出处理。

4.1 评审结论定为"符合条件"或"不符合条件"的,评审机构在评审组完成现场评审上报后30个工作日内汇总《申请书》、《评审记录表》与签署了评审结论的《评审报告》和有关见证材料等审查签章后报送受理机构。

4.2 评审结论定为"需要整改"的,申请单位在3个月内将现场评审时签署的《鉴定评审工作备忘录》中存在问题进行整改,完成整改后向评审机构提交整改报告及相关的见证材料,评审机构视情况分别采取整改情况见证材料确认或整改情况现场确认的方式,对整改结果进行审核确认后,写出整改确认报告,并自确认之日起10个工作日内汇总《申请书》、《评审记录表》整改报告及整改情况见证材料、整改确认报告及有关见证材料等经审查签章后报送受理机构。如申请单位在3个月内无法完成整改的,经鉴定评审机构同意可以适当延长,但延长期限最多不得超过3个月,审请单位逾期未完成整改工作的原受理作废。评审机构应立即汇总《申请书》、《评审记录表》和签署最终评审结论为"不符合条件"的《鉴定评审结论》(附件9)经审查签章报送受理机构。

5 申诉处理

5.1 若受理机构要求评审机构对申请单位的有关申诉做核实处理,或受理机构责成评审机构重新实施有关评审工作时,评审机构应按照受理机构的要求,对申诉事项予以处理。

5.2 若申诉事项属实,评审机构应向受理机构提交书面报告说明有关情况,并按受理机构的要求做好后续工作。

5.3 若经核实申诉事项不成立,评审机构应向受理机构书面报告核实情况和申诉事项不成立的理由。

6 收费

6.1 申请单位应按有关规定向评审机构缴纳鉴定评审费用。

6.2 上述费用未记现场评审期间评审人员的住宿、交通、通讯费用,这些费用由申请单位另行承担。评审费用应在约请评审与签订《鉴定评审服务合同》时缴纳。评审组不接受申请单位以任何形式馈赠或支付的酬金、补助费、劳务费、礼品等。

6.3 评审机构进行申诉核实,重新鉴定评审发生的费用,如申诉事项属实,该费用由评审机构承担,如申诉事项不成立,该费用由申诉单位承担。

气瓶充装许可鉴定评审约请函

_____:

我单位的 _____ 申请已经被受理,申请受理号为 _____。现特约请进行鉴定评审,请给予安排。

约请安排鉴定评审日期:　　　　　年　月　日

申请单位名称:_____

通讯地址:_____

联系人:_____　电话:_____

邮政编码:_____　传真:_____

电子信箱:_____

申请单位法定代表(负责)人:　　　　　　　　　日期:

　　　　　　　　　　　　　　　　　　　　　　(单位公章)

鉴定评审机构意见:

　　　　　　安排鉴定评审日期:

　　　　　　鉴定评审机构负责人:

　　　　　　　　　　　　　　　　　　　　　年　月　日

　　　　　　　　　　　　　　　　　　　　　日期:

　　　　　　　　　　　　　　　　　　　　　(机构公章)

注:本约请函一式两份,鉴定评审机构签署意见后,返回申请单位一份。

合同编号:TSX - QP - ×

技 术 服 务 合 同 书

项目名称:气瓶充装许可鉴定评审

委托方 (甲方):

服务方 (乙方):

签定地点: 市 (县)

签定日期: 年 月 日

有效期限: 年 月 日至 年 月 日

气瓶充装许可鉴定评审合同

依据《中华人民共和国合同法》的规定,甲乙双方就气瓶充装许可鉴定评审的技术服务工作,经协商一致,签订本合同。

一、服务内容、方式和要求

1.依据《特种设备安全监察条例》、《气瓶安全监察规定》、《气瓶安全监察规程》等的要求和《气瓶充装许可受理意见》(编号:TS-　　　　);甲方(申请单位)约请乙方(评审机构),对甲方申请范围内气瓶充装许可资格进行鉴定评审。

2.甲方申请的气瓶充装许可范围:

3.乙方负责按规定组建评审组,到甲方充装现场进行条件评审和充装工作质量评审。计划评审时间:双方另行商定。

4.乙方责任:

(1)向受理机构提交评审报告并对评审结论负责;

(2)维护被评审方的合法权益,对被评审方的资料、企业管理、经营战略及对被评审方提出的保密事项严格保密。

5.甲方责任:

(1)甲方为乙方①提供工作条件;②为乙方实施评审提供往返差旅费、市内交通以及住宿费用等;

(2)评审合格,到受理机关领取气瓶充装许可证后,需认真执行国家有关气瓶安全法规、行政规章,接受各级特种设备安全监察行政部门的安全监察。

二、工作条件和协作事项

向乙方提供质量体系文件一套和其他审查的技术、管理资料和相关见证材料,安排必要的审查办公处所和配合联系人员。

三、履行期限、地点和方式

1.按商定的日期到甲方实施评审工作。

2.向甲方交流评审意见。

3.向甲方提供评审报告。

四、验收标准和方式

乙方出具评审报告。

五、报酬及其支付方式

乙方完成专业技术工作(评审)需要的经费由甲方负担。共计(￥　　)元,大写金额:_____。

支付方式:信汇或现金。

本技术合同签订后一次性交付。

六、违约责任

技术服务违反本合同约定,违约方应按《中华人民共和国合同法》第七章的规定,承担违约责任。

七、争议的解决办法

在合同履行过程中发生争议,双方应当协商解决。

八、其他

未尽事宜,双方另行协商。

(后有附表)

附表

委托方 甲方	单位名称				（盖章）
	法定代表人	（签字）	委托代理人	（签字）	
	通讯地址				
	邮政编码		联系人		
	电　话		传　真		
	开户银行				
	账　号		执收码		
服务方 乙方	单位名称				
	法定代表人	（签字）	委托代理人	（签字）	
	通讯地址				
	邮政编码		联系人		
	电　话		传　真		
	开　户				
	开户银行				
	账　号		执收码		

气瓶充装许可现场鉴定评审通知函

编号：

_____ ：

经协商，定于_____年_____月_____日至_____年_____月_____日对你单位进行现场鉴定评审，请做好有关准备。

对日程安排、评审组人员组成有意见，请在收到本通知函的5个工作日内提出书面意见。

鉴定评审机构：

年　月　日

（机构公章）

附：评审组成员名单

姓名	性别	工作单位	评审组中职务	证　书编　号	联系电话

注：本通知函一式四份，一份送申请单位，一份送许可实施机关，一份送许可实施机关的下一级质量技术监督部门，一份鉴定评审机构存档。

××省气瓶充装许可(换)证评审首(末)次
会议参加人员签到表

申请单位：

序号	姓名	职务/职称	部门	日期	备注
1					
2					
3					
4					
5					
6					
7					
8					
9					
10					
11					
12					
13					
14					
15					
16					

气瓶充装许可鉴定评审记录(溶解乙炔)

申请单位		负责人			
评审机构		评审日期	年	月	日

一、审查评定统计

关键项目数 =　　　　　　　　　　　　关键项目合格率 =

一般项目数 =　　　　　　　　　　　　一般项目合格率 =

二、评定标准

(1)符合条件:关键项目合格率100%,一般项目合格率90%。

(2)需要整改:关键项目合格率90%,一般项目合格率80%。

(3)不符合条件:关键项目合格率低于90%,一般项目合格率低于80%或带*项目有一项未满足者,即不能通过。

三、记录填写说明

1.审查结果填写:符合要求、有缺陷或不符合要求在相应格中打√;

2.审查情况填写:数字或相关简况;

3.存在问题填写:简单写明存在问题;

4.用黑色碳素笔填写。

四、溶解乙炔气瓶充装许可鉴定评审记录表

表中带*号的代表极为重要的项目,此类项目若有一项不合格则取消鉴定评审。

1.资源条件

序号	审查项目	审查内容与要求	审查类别	审查结果			审查情况及存在问题
				符合	有缺陷	不符合	
1*	建站审批	充装站的建立应取得政府规划、消防等部门的批准	关键				
2	单位资格	有营业执照、组织机构代码证,具有法定资格	关键				
		取得溶解乙炔生产许可证	一般				
3	负责人(站长)	具有法人代表资格或法人代表委托人资格,熟悉溶解乙炔气体充装的相关法律法规。取得具有充装作业的《特种设备作业人员证》	关键				
4	技术负责人	具有工程师及以上任职资格,熟悉溶解乙炔充装的法律法规、安全技术规范、标准及专业技术知识	关键				

序号	审查项目	审查内容与要求	审查类别	审查结果			审查情况及存在问题
				符合	有缺陷	不符合	
5*	充装员	经省市特种设备安全监察机构考核合格,取得《特种设备作业人员证》每班不少于2人,熟悉气瓶充装操作技术	关键				
6	检查员	经省市特种设备安全监察机构考核合格,取得《特种设备作业人员证》不少于2人,每班不少于1人,熟悉气瓶充装检查安全技术	关键				
7	安全员	设专(兼)职安全员,经培训熟悉安全技术和要求,并切实履行安全检查职责	关键				
8	辅助人员	应配备化检员、气瓶附件检修人员,并经安全技术培训合格,有培训记录	一般				
		应配备气瓶装卸、搬运和收发等人员,并经安全技术培训合格,有培训记录	一般				
9	工艺设备	充装排设计应按规定装设压力表和截止阀,且一瓶一阀	一般				
		充装排应按规定装设水喷淋装置,并能有效操作和均匀稳定喷洒	关键				
		在用的压力容器、压力管道应按规定办理使用登记手续,并定期检验	一般				
		安全阀按规定进行定期校验	一般				
		设备应挂牌实行专管,并有设备档案和台账	关键				
10*	生产能力	生产能力应大于等于40 m^3/h时	关键				
11*	气瓶数量	气瓶数量应不少于1 000只	关键				
12	气瓶管理	建立气瓶档案,气瓶已办理使用登记证并实行计算机管理	关键				
		气瓶颜色标志应符合规定,安全附件齐全	一般				
		瓶体上有充装单位标志(单位名称或代号)、自编号和永久钢印标志,且清晰、齐全、规范。有警示标签和充装标签,瓶体整洁	关键				
		严禁充装使用不符合安全规范要求的气瓶	关键				

序号	审查项目	审查内容与要求	审查类别	审查结果			审查情况及存在问题
				符合	有缺陷	不符合	
13	充装设备	必须有充装称重衡器,最大称量值应符合规定	关键				
		余压和充后压力测定专用压力表且表盘直径不小于 100 mm	一般				
		应配备抽真空装置(真空泵)	一般				
		应按规定设置丙酮补加装置	关键				
14	残气处理	有回收处理残气装置,且装置能正常操作使用,有回收记录	一般				
15	计量检测	有与充装介质相适应的乙炔分析检测、压力计量、温度计量、称重衡器和浓度报警仪器,计量器具应当灵敏可靠,布局合理,并按规定进行定期校验	关键				
16	场地厂房	应符合 GB17266 有关防火、防爆等要求	关键				
		气瓶待检区、不合格瓶区、待充装区和充装合格区符合安全技术要求,设有明显标志	一般				
17	安全设施	按规定设置安全警示标志	一般				
		充装场地、设施、电器设备必须符合防爆、防雷、防静电要求,并经有关部门年度检测合格报告	关键				
		相关管道上是否按规定装设阻火器	一般				
		压缩机房、充装间、重瓶库应设置可燃气体浓度报警器测头,且灵敏可靠	关键				
		安全技术条件应符合 GB17266 中的有关规定	关键				
18	消防设施	配备相应的消防器材;经消防检查合格	关键				
19	应急救援措施	应按规定编制事故应急救援预案,配备相应的救援应急工器具,并定期进行应急救援预案演练,有演练工作见证	关键				
20	化验室	有溶解乙炔气体分析化验的仪器仪表装置,能满足化验要求	关键				
21	检修间	有气瓶附件维修保养场所,并配备相应工器具	一般				

审查人: 　　　　　　单位负责人: 　　　　日期: 　年 月 日

2.质量管理体系

序号	审查项目	审查内容与要求	审查类别	审查结果			审查情况及存在问题
				符合	有缺陷	不符合	
1	质量管理体系	应编制《质量手册》,且手册应有站长(经理)正式颁布实施令。符合有关规定和单位实际情况	关键				
		能根据有关法规、标准及本单位实际情况的变动、充装工艺的改进及时进行修改	一般				
		质量管理体系符合本单位实际情况,能有效控制充装质量和安全。绘制有质量管理体系图、充装工艺流程图	关键				
		充装工艺流程图绘制合理,能正确指导气瓶收发、检查、残液处理和充装等各项工作	一般				
2	管理职责	组织机构设置合理,关系明确,有组织机构图	关键				
		有各责任人员的任命文件,并能认真履行职责	关键				
3	岗位责任制	建立站长(经理)岗位责任制,并能够有效执行	关键				
		建立技术负责人岗位责任制,并能够有效执行	关键				
		建立气瓶检查员岗位责任制,并能够有效执行	关键				
		建立气瓶充装员岗位责任制,并能够有效执行	关键				
		建立安全员岗位责任制,并能够有效执行	关键				
		化验员、附件检修员岗位责任制,并能够有效执行	一般				
		建立收发员岗位责任制,并能够有效执行	一般				
		建立装卸、搬运人员岗位责任制,并能够有效执行	一般				
4	管理制度	气瓶储存、发送制度,并能够有效执行	一般				
		气瓶检查登记制度,并能够有效执行	关键				
		气瓶建档、标识、定期检验和维修保养制度,并能够有效执行	关键				
		安全管理制度,并能够有效执行	一般				

序号	审查项目	审查内容与要求	审查类别	审查结果			审查情况及存在问题
				符合	有缺陷	不符合	
4	管理制度	计量器具与仪器仪表校验制度,并能够有效执行	一般				
		资料保管制度,并能够有效执行	关键				
		不合格气瓶处理制度,并能够有效执行	关键				
		事故上报制度,并能够有效执行	一般				
		各类人员培训考核管理制度,并能够有效执行	一般				
		用户宣传教育及服务制度,并能够有效执行	一般				
		用户信息反馈制度,并能够有效执行	一般				
		事故应急救援预案定期演练制度,并能够有效执行	关键				
		接受质监部门安全监察管理制度,并能够有效执行	一般				
		压力容器等特种设备的使用管理、定期检验制度,并能够有效执行	一般				
		防火、防爆、防雷电、防静电管理制度,并能够有效执行	一般				
5	安全技术操作规程	气瓶充装安全操作规程,并能有效执行	关键				
		真空泵操作规程,并能有效执行	一般				
		气瓶充装前、后检查操作规程,并能有效执行	一般				
		事故应急处理操作规程,并能有效执行	一般				
		压缩机安全操作规程,并能有效执行	一般				
		压力容器安全操作规程,并能有效执行	一般				
		气体分析操作规程,并能有效执行	一般				
		丙酮补加装置操作规程,并能有效执行	关键				

序号	审查项目	审查内容与要求	审查类别	审查结果			审查情况及存在问题
				符合	有缺陷	不符合	
6	工作记录和见证材料	收发瓶记录,并能正确使用和保管	一般				
		新瓶、检验瓶、瓶阀维修后的气瓶首次使用抽真空置换记录,并能正确使用和保管	关键				
		溶解乙炔气瓶丙酮补加记录,并能正确使用和保管	一般				
		充装前、后检查和充装记录,并能正确使用和保管	关键				
		不合格气瓶隔离处理记录,并能正确使用和保管	一般				
		质量信息反馈记录,并能正确使用和保管	一般				
		设备运行、检修和安全检查记录,并能正确使用和保管	关键				
		安全培训记录,并能正确使用和保管	一般				
7	必备法规标准	特种设备安全监察条例	一般				
		气瓶安全监察规定	一般				
		气瓶安全监察规程	一般				
		气瓶充装许可规则	一般				
		气瓶使用登记管理规则	一般				
		溶解乙炔气瓶充装站安全技术条件	一般				
		溶解乙炔充装规定	一般				
		气瓶颜色标志	一般				
		溶解乙炔气瓶定期检验与评定	一般				
		气瓶警示标签	一般				
		溶解乙炔气瓶	一般				
		溶解乙炔气瓶阀	一般				
		溶解乙炔、工业丙酮、工业电石	一般				
		气瓶用易熔合金塞	一般				

审查人: 单位负责人: 日期: 年 月 日

3.充装工作质量

序号	审查项目	审查内容与要求	审查类别	审查结果			审查情况及存在问题
				符合	有缺陷	不符合	
1	充装前后检查	充装前是否按规定项目逐项对气瓶标志、外观等检查,检查结果是否正确	一般				
		气瓶是否已办理使用登记	一般				
		是否按期检验、是否到报废年限,检查结果是否正确	关键				
		各种标志和标签情况,检查结果是否正确	关键				
		气瓶附件,检查结果是否正确	一般				
		充后逐瓶称重,检查结果是否正确	关键				
		充装后泄漏、瓶温及外观检查,检查结果是否正确	关键				
		充装静止后按规定抽查压力,检查结果是否符合规定	一般				
		检查记录是否按规定及时逐项填写和签署	关键				
2	充装工作质量	能正确计算丙酮补加量并按规定补加丙酮	关键				
		充装过程能按规定进行操作和检查,每班校正衡器	一般				
		充装流速和充装压力是否符合规定	一般				
		充装后应静止8小时以上	一般				
		必须称重充装,充装重量符合规定	关键				
		警示标签、充装标签是否按要求粘贴	关键				
		跟踪不少于1排数量的气瓶充装全过程,充装质量合格	关键				
		所充装气瓶已建立登记台账、档案和办理使用登记证	关键				
		充装记录是否及时逐项填写和签署	关键				

审查人:　　　　　　　单位负责人:　　　　　　日期:　　年　月　日

气瓶充装许可鉴定评审记录(液化气体)

申请单位		负责人				
评审机构		评审日期	年	月	日	

一、审查评定统计

关键项目数＝   关键项目合格率＝

一般项目数＝   一般项目合格率＝

二、评定标准

(1)符合条件:关键项目合格率100％,一般项目合格率90％。

(2)需要整改:关键项目合格率90％,一般项目合格率80％。

(3)不符合条件:关键项目合格率低于90％,一般项目合格率低于80％或带＊项目有一项未满足者,即不能通过。

三、记录填写说明

1.审查结果填写:符合要求有缺陷或不符合要求在相应格中打√;

2.审查情况填写:数字或相关简况;

3.存在问题填写:简单写明存在问题;

4.用黑色碳素笔填写。

四、液化气体气瓶充装许可鉴定评审记录表

表中带＊号的代表极为重要的项目,此类项目若有一项不合格则取消鉴定评审。

1.资源条件

序号	审查项目	审查内容与要求	审查类别	审查结果			审查情况及存在问题
				符合	有缺陷	不符合	
1＊	建站审批	充装站的建立应取得政府规划、消防等部门的批准	关键				
2	单位资格	有营业执照、组织机构代码证,具有法定资格	关键				
3	负责人(站长)	具有法人代表资格或法人代表委托人资格,熟悉液化气体充装的相关法律法规,取得具有充装作业的《特种设备作业人员证》	关键				
4	技术负责人	具有工程师及以上任职资格,熟悉液化气体充装的法律法规、安全技术规范、标准及专业技术知识	关键				
5＊	充装员	经省市特种设备安全监察机构考核合格,取得《特种设备作业人员证》每班不少于2人,熟悉气瓶充装操作技术	关键				

序号	审查项目	审查内容与要求	审查类别	审查结果			审查情况及存在问题
				符合	有缺陷	不符合	
6	检查员	经省市特种设备安全监察机构考核合格,取得《特种设备作业人员证》不少于2人,每班不少于1人,熟悉气瓶充装检查安全技术	关键				
7	安全员	设专(兼)职安全员,经培训熟悉安全技术和要求,并切实履行安全检查职责	关键				
8	辅助人员	应配备化验员及气瓶附件检修人员,并经安全技术培训合格,有培训记录	一般				
		应配备气瓶装卸、搬运和收发等人员,并经安全技术培训合格,有培训记录	一般				
9	工艺设备	应有与设计相符合的充装工艺设备及充装接头	一般				
		在用的压力容器、压力管道应按规定办理使用登记手续,并定期检验	一般				
		安全阀按规定进行定期校验	一般				
10*	储存能力	储存能力应大于等于100 m³	关键				
11*	气瓶数量	气瓶数量应达到:中容积不少于1 000只,大容积不少于100只	关键				
12	气瓶管理	建立气瓶登记台账和档案,办理使用登记证,对气瓶实行计算机管理	关键				
		气瓶颜色标志应符合规定,安全附件齐全	一般				
		瓶体上有充装单位标志、自编号和永久钢印标志,且清晰、齐全、规范,有警示标签和充装标签,瓶体整洁	关键				
		严禁充装使用不符合安全技术规范要求的气瓶	关键				
13	充装设备	必须有充装称重衡器和专用的复称衡器,最大称量值应符合规定	关键				
		必须安装超装自动报警装置	关键				
		设备应挂牌实行专管,并有设备档案和台账	关键				
14	残液残气处理能力	有判明瓶内残液、残气性质的仪器装置	一般				
		有回收处理易燃有毒介质残液(残气)的设施,且装置完好,能正常使用,填写处理记录	一般				

序号	审查项目	审查内容与要求	审查类别	审查结果			审查情况及存在问题
				符合	有缺陷	不符合	
15	计量检测	有与充装介质相适应的介质分析检测、压力计量、温度计量、称重衡器和浓度报警仪器,计量器具应当灵敏可靠,布局合理,并按规定进行定期校验	关键				
16	场地厂房	应符合 GB17265 有关防火、防爆等要求	关键				
		气瓶待检区、不合格瓶区、待充装区和充装合格区符合安全技术要求,设有明显标志	一般				
17	安全设施	按规定设置安全警示标志	一般				
		充装场地、设施、电器设备必须符合防爆、防静电要求并经有关部门年度检测合格报告	关键				
		充装毒性和可燃气体的罐区、压缩机房、充装间、重瓶库应设置气体浓度报警器测头,且灵敏可靠	关键				
		充装剧毒介质钢瓶,贮存容器周围应设可形成水幕的给水装置	关键				
		其他安全技术条件应符合 GB17265 中的有关规定	关键				
18	消防设施	配备相应的消防器材;经消防检查合格	关键				
19	应急救援措施	应按规定编制事故应急救援预案,配备相应的救援应急工器具(防护服、呼吸器等),并定期进行应急救援预案演练,有演练工作见证	关键				
20	检修间	有气瓶附件维修保养场所,并配备相应工器具	一般				

审查人： 单位负责人： 日期： 年 月 日

2. 质量管理体系

序号	审查项目	审查内容与要求	审查类别	审查结果			审查情况及存在问题
				符合	有缺陷	不符合	
1	质量管理体系	应编制《质量手册》,且手册应有站长(经理)正式颁布实施令,形式内容符合有关规定和单位实际情况	关键				
		能根据有关法规、标准及本单位实际情况的变动、充装工艺的改进及时进行修改	一般				
		质量管理体系符合本单位实际情况,能有效控制充装质量和安全,绘制有质量管理体系图、充装工艺流程图	关键				
		充装工艺流程图绘制合理,能正确指导气瓶收发、检查、残液处理和充装等各项工作	一般				
2	管理职责	组织机构设置合理,关系明确,有组织机构图	关键				
		有各责任人员的任命文件,并能认真履行职责	关键				
3	岗位责任制	建立站长(经理)岗位责任制,并能够有效执行	关键				
		建立技术负责人岗位责任制,并能够有效执行	关键				
		建立气瓶检查员岗位责任制,并能够有效执行	关键				
		建立气瓶充装员岗位责任制,并能够有效执行	关键				
		建立安全员岗位责任制,并能够有效执行	关键				
		建立气瓶附件检修员岗位责任制,并能够有效执行	一般				
		建立收发员岗位责任制,并能够有效执行	一般				
		建立化验员、附件维修员岗位责任制,并能够有效执行	一般				
		建立装卸、搬运人员岗位责任制,并能够有效执行	一般				

序号	审查项目	审查内容与要求	审查类别	审查结果			审查情况及存在问题
				符合	有缺陷	不符合	
4	管理制度	气瓶储存、发送制度,并能够有效执行	一般				
		气瓶检查登记制度,并能够有效执行	关键				
		气瓶建档、标识、定期检验和维修保养制度,并能够有效执行	关键				
		安全管理制度,并能够有效执行	一般				
		计量器具与仪器仪表校验制度,并能够有效执行	一般				
		资料保管制度,并能够有效执行	关键				
		不合格气瓶处理制度,并能够有效执行	关键				
		事故上报制度,并能够有效执行	一般				
		各类人员培训考核管理制度,并能够有效执行	一般				
		用户宣传教育及服务制度,并能够有效执行	一般				
		用户信息反馈制度,并能够有效执行	一般				
		事故应急救援预案定期演练制度,并能够有效执行	关键				
		接受质监部门安全监察管理制度,并能够有效执行	一般				
		压力容器等特种设备的使用管理、定期检验制度,并能够有效执行	一般				
		防火、防爆、防静电制度,并能够有效执行	一般				
5	安全技术操作规程	瓶内残液(残气)处理操作规程,并能认真执行	关键				
		气瓶充装安全操作规程,并能认真执行	关键				
		真空泵操作规程,并能认真执行	一般				
		气瓶充装前、后检查操作规程,并能认真执行	关键				
		事故应急处理操作规程,并能认真执行	一般				
		压缩机安全操作规程,并能认真执行	一般				
		相关泵安全操作规程,并能认真执行	一般				
		压力容器安全操作规程,并能认真执行	一般				
		罐车装卸车安全操作规程,并能认真执行	一般				

序号	审查项目	审查内容与要求	审查类别	审查结果			审查情况及存在问题
				符合	有缺陷	不符合	
6	工作记录和见证材料	收发瓶记录,并能正确使用和保管	关键				
		新瓶、检验瓶、瓶阀维修后的气瓶首次使用抽真空置换记录,并能正确使用和保管	一般				
		残液(残气)处理记录,并能正确使用和保管	一般				
		充装前、后检查和充装记录,并能正确使用和保管	关键				
		不合格气瓶隔离处理记录,并能正确使用和保管	一般				
		质量信息反馈记录,并能正确使用和保管	一般				
		设备运行、检修和安全检查记录,并能正确使用和保管	关键				
		罐车装卸记录,并能正确使用和保管	关键				
		安全培训记录,并能正确使用和保管	一般				
7	必备法规标准	特种设备安全监察条例	一般				
		气瓶安全监察规定	一般				
		气瓶安全监察规程	一般				
		气瓶充装许可规则	一般				
		气瓶使用登记管理规则	一般				
		液化气体气瓶充装站安全技术条件	一般				
		液化气体气瓶充装规定	一般				
		气瓶颜色标志	一般				
		钢质焊接气瓶定期检验与评定	一般				
		钢质无缝气瓶定期检验与评定	一般				
		钢质焊接气瓶;钢质无缝气瓶;液化炳烯、炳烷;钢质焊接气瓶	一般				
		气瓶警示标签	一般				
		液氯瓶阀	一般				
		液氨瓶阀	一般				
		相关气体标准	一般				

审查人：　　　　　　　　单位负责人：　　　　　　日期：　　年　　月　　日

3. 充装工作质量

序号	审查项目	审查内容与要求	审查类别	审查结果			审查情况及存在问题
				符合	有缺陷	不符合	
1	充装前后检查	充装前是否按规定项目逐项对气瓶标志、外观等检查,检查结果是否正确	一般				
		是否办理使用登记证	关键				
		是否按期检验、是否到报废年限,检查结果是否正确	关键				
		各种标志和标签情况,检查结果是否正确	关键				
		气瓶附件,检查结果是否正确	一般				
		对易燃有毒介质残液(残气)处理情况,检查结果是否正确	一般				
		逐瓶复秤,检查结果是否正确	关键				
		充装后对易燃有毒介质气瓶检漏及外观检查,检查结果是否正确	关键				
		检查记录是否按要求及时逐项填写和签署	一般				
2	充装工作质量	充装过程能按规定进行操作和充装中检查,每班校正衡器	一般				
		必须称重充装,充装重量符合规定	关键				
		所充气瓶已建立登记台账、档案和办理使用登记证	关键				
		警示标签、充装标签是否按要求粘贴	关键				
		跟踪 3~5 只气瓶充装全过程充装质量合格	关键				
		充装记录是否及时按规定逐项填写和签署	一般				

审查人:　　　　　　　　　单位负责人:　　　　　　　日期:　　年　月　日

气瓶充装许可鉴定评审记录(液化石油气)

申请单位		负责人				
评审机构		评审日期		年	月	日

一、审查评定统计

关键项目数＝　　　　　　　　　　　　　　关键项目合格率＝

一般项目数＝　　　　　　　　　　　　　　一般项目合格率＝

二、评定标准

(1)符合条件:关键项目合格率100%,一般项目合格率90%。

(2)需要整改:关键项目合格率90%,一般项目合格率80%。

(3)不符合条件:关键项目合格率低于90%,一般项目合格率低于80%或带＊项目有一项未满足者,即不能通过。

三、记录填写说明

1.审查结果填写:符合要求、有缺陷或不符合要求在相应格中打√;

2.审查情况填写:数字或相关简况;

3.存在问题填写:简单写明存在问题;

4.用黑色碳素笔填写。

四、液化石油气气瓶充装许可鉴定评审记录表

表中带＊号的代表极为重要的项目,此类项目若有一项不合格则取消鉴定评审。

1.资源条件

序号	审查项目	审查内容与要求	审查类别	审查结果			审查情况及存在问题
				符合	有缺陷	不符合	
1＊	建站审批	充装站的建立应取得政府规划、消防等部门的批准	关键				
2	单位资格	有营业执照、组织机构代码证,具有法定资格	关键				
3	负责人(站长)	具有法人代表资格或法人代表委托人资格,熟悉液化石油气充装的相关法律法规。取得具有充装作业的《特种设备作业人员证》	关键				
4	技术负责人	具有助理工程师及以上任职资格,熟悉液化石油气充装的法律法规、安全技术规范、标准及专业技术知识	关键				
5＊	充装员	经省市特种设备安全监察机构考核合格,取得《特种设备作业人员证》每班不少于2人,熟悉气瓶充装操作技术	关键				

序号	审查项目	审查内容与要求	审查类别	审查结果			审查情况及存在问题
				符合	有缺陷	不符合	
6	检查员	经省市特种设备安全监察机构考核合格,取得《特种设备作业人员证》不少于2人,每班不少于1人,熟悉气瓶充装检查安全技术	关键				
7	安全员	设专(兼)职安全员,经培训熟悉安全技术和要求,并切实履行安全检查职责	关键				
8	辅助人员	应配备气瓶附件检修人员,并经安全技术培训合格,有培训记录	一般				
		应配备气瓶装卸、搬运和收发等人员,并经安全技术培训合格,有培训记录	一般				
9	工艺设备	应有与设计相符合的充装工艺设备及充装接头	一般				
		在用的压力容器、压力管道应按规定办理使用登记手续,并定期检验	一般				
		安全阀按规定进行定期校验	一般				
		设备应挂牌实行专管,并有设备档案和台账	关键				
10*	储存能力	储存能力应大于等于100 m³	关键				
11*	气瓶数量	气瓶数量应达到3 000只	关键				
12	气瓶管理	建立气瓶档案,气瓶已办理使用登记证并实行计算机管理	关键				
		气瓶颜色标志应符合规定,安全附件齐全	一般				
		瓶体上有充装单位标志(单位名称或代号)、自编号和永久钢印标志,且清晰、齐全、规范,有警示标签和充装标签,瓶体整洁	关键				
		严禁充装使用不符合安全规范要求的气瓶	关键				
13	充装设备	必须有充装称重衡器和专用的复称衡器,最大称量值应符合规定	关键				
		流水线作业的大型液化石油气充装站必须安装超装自动切断气源的灌装秤	关键				
		其他液化石油气充装站必须安装超装自动报警装置	关键				
14	残液处理	有残液回收处理装置,且装置完好,能正常抽残,填写抽残记录	一般				

序号	审查项目	审查内容与要求	审查类别	审查结果			审查情况及存在问题
				符合	有缺陷	不符合	
15	计量检测	有与充装介质相适应的压力计量、温度计量、称重衡器和浓度报警仪器,计量器具应当灵敏可靠,布局合理并按规定进行定期校验	关键				
16	场地厂房	应符合 GB17267 有关防火、防爆等要求	关键				
		气瓶待检区、不合格瓶区、待充装区和充装合格区符合安全技术要求,设有明显标志	一般				
17	安全设施	按规定设置安全警示标志	一般				
		充装场地、设施、电器设备必须符合防爆、防静电要求并经有关部门检测合格报告	关键				
		罐区、压缩机房、充装间、重瓶库应设置可燃气体浓度报警器测头,且灵敏可靠	关键				
		其他安全技术条件应符合 GB17267 中的有关规定	关键				
18	消防设施	配备相应的消防器材,经消防检查合格	关键				
19	应急救援措施	应按规定编制事故应急救援预案,配备相应的救援应急工器具,并定期进行应急救援预案演练,有演练工作见证	关键				
20	检修间	有气瓶附件维修保养场所,并配备相应工器具	一般				

审查人:　　　　　　　　　　单位负责人:　　　　　　　　日期:　　年　月　日

2.质量管理体系

序号	审查项目	审查内容与要求	审查类别	审查结果			审查情况及存在问题
				符合	有缺陷	不符合	
1	质量管理体系	应编制《质量手册》,且手册应有站长(经理)正式颁布实施令,符合有关规定和单位实际情况	关键				
		能根据有关法规、标准及本单位实际情况的变动、充装工艺的改进及时进行修改	一般				
		质量管理体系符合本单位实际情况,能有效控制充装质量和安全,绘制有质量管理体系图、充装工艺流程图	关键				
		充装工艺流程图绘制合理,能正确指导气瓶收发、检查、残液处理和充装等各项工作	一般				
2	管理职责	组织机构设置合理,关系明确,有组织机构图	关键				
		有各责任人员的任命文件,并能认真履行职责	关键				
3	岗位责任制	建立站长(经理)岗位责任制,并能够有效执行	关键				
		建立技术负责人岗位责任制,并能够有效执行	关键				
		建立气瓶检查员岗位责任制,并能够有效执行	关键				
		建立气瓶充装员岗位责任制,并能够有效执行	关键				
		建立安全员岗位责任制,并能够有效执行	关键				
		建立气瓶附件检修员岗位责任制,并能够有效执行	一般				
		建立收发员岗位责任制,并能够有效执行	一般				
		建立装卸、搬运人员岗位责任制,并能够有效执行	一般				

·159·

序号	审查项目	审查内容与要求	审查类别	审查结果			审查情况及存在问题
				符合	有缺陷	不符合	
4	管理制度	气瓶储存、发送制度,并能够有效执行	一般				
		气瓶检查登记制度,并能够有效执行	关键				
		气瓶建档、标识、定期检验和维修保养制度,并能够有效执行	关键				
		安全管理制度,并能够有效执行	一般				
		计量器具与仪器仪表校验制度,并能够有效执行	一般				
		资料保管制度,并能够有效执行	关键				
		不合格气瓶处理制度,并能够有效执行	关键				
		事故上报制度,并能够有效执行	一般				
		各类人员培训考核管理制度,并能够有效执行	一般				
		用户宣传教育及服务制度,并能够有效执行	一般				
		用户信息反馈制度,并能够有效执行	一般				
		事故应急救援预案定期演练制度,并能够有效执行	关键				
		接受质监部门安全监察管理制度,并能够有效执行	一般				
		压力容器等特种设备的使用管理、定期检验制度,并能够有效执行	一般				
		防火、防爆、防雷电、防静电制度,并能够有效执行	一般				
5	安全技术操作规程	瓶内残液处理操作规程,并能认真执行	关键				
		气瓶充装安全操作规程,并能认真执行	关键				
		真空泵操作规程,并能认真执行	一般				
		气瓶充装前、后检查操作规程,并能认真执行	关键				
		事故应急处理操作规程,并能认真执行	一般				
		压缩机安全操作规程,并能认真执行	一般				
		烃泵安全操作规程,并能认真执行	一般				
		压力容器安全操作规程,并能认真执行	一般				
		罐车装卸车安全操作规程,并能认真执行	一般				

序号	审查项目	审查内容与要求	审查类别	审查结果			审查情况及存在问题
				符合	有缺陷	不符合	
6	工作记录和见证材料	收发瓶记录,并能正确使用和保管	关键				
		新瓶、检验瓶、瓶阀维修后的气瓶首次使用抽真空置换记录,并能正确使用和保管	一般				
		残液处理记录,并能正确使用和保管	一般				
		充装前、后检查和充装记录,并能正确使用和保管	关键				
		不合格气瓶隔离处理记录,并能正确使用和保管	一般				
		质量信息反馈记录,并能正确使用和保管	一般				
		设备运行、检修和安全检查记录,并能正确使用和保管	关键				
		罐车装卸记录,并能正确使用和保管	关键				
		安全培训记录,并能正确使用和保管	一般				
7	必备法规标准	特种设备安全监察条例	一般				
		气瓶安全监察规定	一般				
		气瓶安全监察规程	一般				
		气瓶充装许可规则	一般				
		气瓶使用登记管理规则	一般				
		液化石油气瓶充装站安全技术条件	一般				
		液化气体气瓶充装规定	一般				
		气瓶颜色标志	一般				
		液化石油气钢瓶定期检验与评定	一般				
		气瓶警示标签	一般				
		液化石油气钢瓶	一般				
		液化石油气瓶阀	一般				
		液化石油气	一般				

审查人：　　　　　　　单位负责人：　　　　　日期：　年　月　日

3. 充装工作质量

序号	审查项目	审查内容与要求	审查类别	审查结果			审查情况及存在问题
				符合	有缺陷	不符合	
1	充装前后检查	充装前气瓶外观检查,检查结果是否正确	一般				
		是否按期检验、是否到报废年限,检查结果是否正确	关键				
		各种标志和标签情况,检查结果是否正确	关键				
		气瓶附件,检查结果是否正确	一般				
		残液处理,检查结果是否正确	一般				
		逐瓶复秤,检查结果是否正确	关键				
		充装后检漏、瓶温及外观检查,检查结果是否正确	关键				
		检查记录是否及时逐项填写和签署	一般				
2	充装工作质量	充装过程能按规定进行操作和检查,每班校正衡器	一般				
		必须称重充装,充装重量符合规定	关键				
		警示标签、充装标签是否按要求粘贴	关键				
		跟踪3~5只钢瓶充装全过程,充装质量合格	关键				
		所充气瓶已建立档案、台账和办理实用登记证	关键				
		充装记录是否及时填写和签署	一般				

审查人:　　　　　　　　单位负责人:　　　　　　日期:　　年　月　日

气瓶充装许可鉴定评审记录(永久气体)

申请单位		负责人			
评审机构		评审日期	年	月	日

一、审查评定统计

关键项目数 =   关键项目合格率 =

一般项目数 =   一般项目合格率 =

二、评定标准

(1)符合条件:关键项目合格率100％,一般项目合格率90％。

(2)需要整改:关键项目合格率90％,一般项目合格率80％。

(3)不符合条件:关键项目合格率低于90％,一般项目合格率低于80％或带＊项目有一项未满足者,即不能通过。

三、记录填写说明

1.审查结果填写:符合要求、有缺陷或不符合要求在相应格中打√;

2.审查情况填写:数字或相关简况;

3.存在问题填写:简单写明存在问题;

4.用黑色碳素笔填写。

四、永久气体气瓶充装许可鉴定评审记录表

表中带＊号的代表极为重要的项目,此类项目若有一项不合格则取消鉴定评审。

1.资源条件

序号	审查项目	审查内容与要求	审查类别	审查结果			审查情况及存在问题
				符合	有缺陷	不符合	
1＊	建站审批	充装站的建立应取得政府规划、消防等部门的批准	关键				
2	单位资格	有营业执照、组织机构代码证,具有法定资格	关键				
3	负责人(站长)	具有法人代表资格或法人代表委托人资格,熟悉永久气体充装的相关法律法规,取得具有充装作业的《特种设备作业人员证》	关键				
4	技术负责人	具有工程师及以上任职资格,熟悉永久气体充装的法律法规、安全技术规范、标准及专业技术知识	关键				
5＊	充装员	经省市特种设备安全监察机构考核合格,取得《特种设备作业人员证》每班不少于2人,熟悉气瓶充装操作技术	关键				

序号	审查项目	审查内容与要求	审查类别	审查结果			审查情况及存在问题
				符合	有缺陷	不符合	
6	检查员	经省市特种设备安全监察机构考核合格,取得《特种设备作业人员证》不少于2人,每班不少于1人,熟悉气瓶充装检查安全技术	关键				
7	安全员	设专(兼)职安全员,经培训熟悉安全技术和要求,并切实履行安全检查职责	关键				
8	辅助人员	应配备化验员、气瓶附件检修人员,并经安全技术培训合格,有培训记录	一般				
		应配备气瓶装卸、搬运和收发等人员,并经安全技术培训合格,有培训记录	一般				
9	工艺设备	应有与设计相符合的充装工艺设备及防错装接头	一般				
		在用的压力容器、压力管道应按规定装设安全阀和办理使用登记手续,并定期检验	一般				
		安全阀按规定进行定期校验	一般				
		可燃气体输送管道及放空管道上应装设阻火器	关键				
		设备应挂牌实行专管,并有设备档案和台账	关键				
		以水电解法生产氢气和氧气时,在氢气管道上应安装自动测氧装置,在氧气管道上应安装自动测氢装置	关键				
10*	储存或生产能力	储存能力应大于等于15 m³;或生产能力大于等于150 m³	关键				
11*	气瓶数量	气瓶数量应达到不少于1 000只	关键				
12	气瓶管理	建立气瓶档案,气瓶已办理使用登记证并实行计算机管理	关键				
		气瓶颜色标志应符合规定,安全附件齐全	一般				
		瓶体上有充装单位标志(单位名称或代号)、自编号和永久性钢印标志,且清晰、齐全、规范。有警示标签和充装标签,瓶体整洁	关键				
		严禁充装使用不符合安全规范要求的气瓶	关键				

序号	审查项目	审查内容与要求	审查类别	审查结果			审查情况及存在问题
				符合	有缺陷	不符合	
13	充装设备	充装排上装设的压力表数量和直径等要求是否符合规定	一般				
		有余压和充后压力测定专用压力表表盘直径不小于100 mm	关键				
14	残气处理能力	有判明瓶内残气性质的仪器装置	一般				
		有处理易燃、有毒介质残气的设施,且记录齐全	一般				
15	计量检测	有与充装介质相适应的介质分析检测、压力计量、温度计量称重器和浓度报警器计量器具应当灵敏可靠,布局合理,并按规定进行定期校验	关键				
		电解法制取氢、氧的充装站,有氧、氢纯度化学分析仪器	关键				
16	场地厂房	应符合 GB17264 有关防火、防爆等要求	关键				
		气瓶待检区、不合格瓶区、待充装区和充装合格区符合安全技术要求,设有明显标志	一般				
17	安全设施	按规定设置安全警示标志	一般				
		可燃气体充装场地、设施、电器设备必须符合防爆、防雷、防静电要求,并经有关部门年度检测合格报告	关键				
		可燃气体罐区、压缩机房、充装间、重瓶库应设置可燃气体浓度报警器测头,且可靠	关键				
		其他安全技术条件应符合 GB17264 中的有关规定	关键				
18	消防设施	配备相应的消防器材;经消防检查合格	关键				
19	应急救援措施	应按规定编制事故应急救援预案,配备相应的救援应急工器具,并定期进行应急救援预案演练,有演练工作见证	关键				
20	检修间	有气瓶附件维修保养场所,并配备相应工器具	一般				

审查人:　　　　　　　　　　单位负责人:　　　　　　日期:　　年　月　日

2.质量管理体系

序号	审查项目	审查内容与要求	审查类别	审查结果			审查情况及存在问题
				符合	有缺陷	不符合	
1	质量管理体系	应编制《质量手册》,且手册应有站长(经理)正式颁布实施令,符合有关规定和单位实际情况	关键				
		能根据有关法规、标准及本单位实际情况的变动、充装工艺的改进及时进行修改	一般				
		质量管理体系符合本单位实际情况,能有效控制充装质量和安全,绘制有质量管理体系图、充装工艺流程图	关键				
		充装工艺流程图绘制合理,能正确指导气瓶收发、检查、残液处理和充装等各项工作	一般				
2	管理职责	组织机构设置合理,关系明确,有组织机构图	关键				
		有各责任人员的任命文件,并能认真履行职责	关键				
3	岗位责任制	建立站长(经理)岗位责任制,并能够有效执行	关键				
		建立技术负责人岗位责任制,并能够有效执行	关键				
		建立气瓶检查员岗位责任制,并能够有效执行	关键				
		建立气瓶充装员岗位责任制,并能够有效执行	关键				
		建立安全员岗位责任制,并能够有效执行	关键				
		建立气瓶附件检修员岗位责任制,并能够有效执行	一般				
		建立收发员岗位责任制,并能够有效执行	一般				
		建立装卸、搬运人员岗位责任制,并能够有效执行	一般				

序号	审查项目	审查内容与要求	审查类别	审查结果			审查情况及存在问题
				符合	有缺陷	不符合	
4	管理制度	气瓶储存、发送制度,并能够有效执行	一般				
		气瓶检查登记制度,并能够有效执行	关键				
		气瓶建档、标识、定期检验和维修保养制度,并能够有效执行	关键				
		安全管理制度,并能够有效执行	一般				
		计量器具与仪器仪表校验制度,并能够有效执行	一般				
		资料保管制度,并能够有效执行	一般				
		不合格气瓶处理制度,并能够有效执行	关键				
		事故上报制度,并能够有效执行	一般				
		各类人员培训考核管理制度,并能够有效执行	一般				
		用户宣传教育及服务制度,并能够有效执行	一般				
		用户信息反馈制度,并能够有效执行	一般				
		事故应急救援预案定期演练制度,并能够有效执行	关键				
		接受质监部门安全监察管理制度,并能够有效执行	一般				
		压力容器等特种设备的使用管理、定期检验制度,并能够有效执行	一般				
		防火、防爆、防静电管理制度,并能够有效执行	一般				
5	安全技术操作规程	气瓶充装安全操作规程,并能认真执行	关键				
		真空泵操作规程,并能认真执行	一般				
		气瓶充装前、后检查操作规程,并能认真执行	关键				
		事故应急处理操作规程,并能认真执行	一般				
		压缩机安全操作规程,并能认真执行	一般				
		相关泵安全操作规程,并能认真执行	一般				
		压力容器安全操作规程,并能认真执行	一般				
		罐车装卸车安全操作规程(液氧、液氩液化天然气等),并能认真执行	一般				

序号	审查项目	审查内容与要求	审查类别	审查结果			审查情况及存在问题
				符合	有缺陷	不符合	
6	工作记录和见证材料	收发瓶记录,并能正确使用和保管	关键				
		新瓶、检验瓶、瓶阀维修后的气瓶首次使用抽真空置换记录,并能正确使用和保管	一般				
		充装前、后检查和充装记录,并能正确使用和保管	关键				
		不合格气瓶隔离处理记录,并能正确使用和保管	一般				
		质量信息反馈记录,并能正确使用和保管	一般				
		设备运行、检修和安全检查记录,并能正确使用和保管	关键				
		罐车装卸记录(液氧、液氩液化天然气等),并能正确使用和保管	关键				
		安全培训记录,并能正确使用和保管	一般				
7	必备法规标准	特种设备安全监察条例	一般				
		气瓶安全监察规定	一般				
		气瓶安全监察规程	一般				
		气瓶充装许可规则	一般				
		气瓶使用登记管理规则	一般				
		永久气体气瓶充装站安全技术条件	一般				
		永久气体气瓶充装规定	一般				
		气瓶颜色标志	一般				
		钢质无缝气瓶定期检验与评定	一般				
		汽车用压缩天然气钢瓶定期检验与评定	一般				
		气瓶警示标签	一般				
		钢质无缝气瓶	一般				
		汽车用压缩天然气钢瓶,车用压缩天然气瓶阀	一般				
		氧气瓶阀	一般				
		氩气瓶阀	一般				
		相关气体标准	一般				

审查人:　　　　　　　　　单位负责人:　　　　　　日期:　　年　月　日

3.充装工作质量

序号	审查项目	审查内容与要求	审查类别	审查结果			审查情况及存在问题
				符合	有缺陷	不符合	
1	充装前后检查	充装前是否按规定项目逐项对气瓶标志外观等检查	一般				
		是否办理使用登记证	关键				
		是否按期检验、是否到报废年限,检查结果是否正确	关键				
		各种标志和标签情况,检查结果是否正确	关键				
		气瓶附件,检查结果是否正确	一般				
		充后逐瓶检查压力是否在规定范围内,检查结果是否正确	关键				
		充后进行泄漏、瓶温及外观检查,检查结果是否正确	关键				
		检查记录是否及时逐项填写和签署	一般				
2	充装工作质量	充装过程能按规定进行操作和充装中检查	一般				
		充装时间及充装流速,是否符合规定	关键				
		充装压力是否符合规定	关键				
		警示标签、充装标签是否按要求粘贴	关键				
		跟踪 10～15 只气瓶充装全过程充装质量合格	关键				
		所充气瓶已建立登记台账、档案和办理使用登记证	一般				
		充装记录是否及时逐项填写和签署	一般				

审查人:　　　　　　　　　　单位负责人:　　　　　　　日期:　　年　月　日

附件6

气瓶充装许可现场鉴定评审工作备忘录

由×××特种设备协会派出的评审组于_____年_____月_____日至_____年_____月_____日对_____

进行了_____

现场评审,现就此次评审中发现的问题,作出下述记录或建议:

评审组已就上述问题和建议与申请单位交换了意见,并得到确认。

评审组长(签字)		日期	
申请单位负责人(签字)		日期	

特种设备鉴定评审不符合项目通知书

编号：

　　　　（申请单位名称）　　　　　：

　　根据你单位的约请,本鉴定评审机构组织评审组进行了现场鉴定评审,发现以下不符合项目：

（评审机构公章）
年　月　日

鉴定评审组成员名单

成员	姓　名	鉴定评审人员 证书编号	负责鉴定 评审项目	职称	签名
组长					
组员					
组员					
组员					
组员					

监督鉴定评审工作的安全监察机构人员

姓　名	工作单位	职务	签名

注:本页为人员签字后的复印件。

鉴定评审结论

充装单位			
单位地址			
单位邮编		单位联系人	
单位代码		营业执照编号	
联系电话		单位传真	
申请日期		受理机关	×××特种设备安全监察处
受理日期		受理编号	TS4241 —200 S
鉴定评审机构			
鉴定评审日期		整改确认日期	
鉴定评审意见			
审查项目	意 见	审查项目	意 见

现场鉴定评审组人员

成员	姓名	证书编号	负责鉴定评审项目	职称
组长				
组员				
组员				
组员				
组员				

鉴定评审结论意见

经鉴定评审(整改),我机构认为_____符合《气瓶充装许可规则》规定的许可条件。

鉴定评审认定的具体品种及限定范围见许可品种明细表。

	鉴定评审机构编号:
鉴定评审组长:　　　　　　日期:	（鉴定评审机构专用章） 年　月　日

附录5 特种设备检验检测机构
质量管理体系要求

第一章 总 则

第一条 本要求规定了《特种设备检验检测机构核准规则》所规定的各类检验检测机构,拟获得政府特种设备安全监督管理部门的核准,并且在被核准范围内从事特种设备检验检测活动时,其质量体系建立和运行方面应当满足的通用要求。

第二条 检验检测机构的质量管理体系的构成应该适用于其自身特有的活动和运行方式。

第三条 取得核准的检验检测机构欲将其从事被核准范围或者项目之外的检验检测活动纳入按照本要求建立的质量管理体系时,可以根据实际情况对本要求第六章"检验检测实施"中的相关要求进行增减。

第二章 术语和定义

第四条 本要求除采用 GB/T19000《质量管理体系——基础和术语》的术语和定义以外,对下述术语进行定义:

(一)特种设备:是指涉及生命安全、危险性较大的锅炉、压力容器(含气瓶)、压力管道、电梯、起重机械、客运索道、大型游乐设施。

(二)特种设备检验检测:是指对特种设备产品、部件制造和进口进行的监督检验;对特种设备安装、改造、重大维修进行的监督检验;对在用特种设备进行的定期检验;对特种设备产品、部件或者试制新产品、新部件进行的整机或者部件的型式试验;对特种设备进行的无损检测。

(三)法定检验:是指按国家法规和安全技术规范对特种设备强制进行的监督检验、定期检验和型式试验。

(四)特种设备检验检测机构:是指从事特种设备检验检测服务的机构(以下简称检验检测机构),包括综合检验机构、型式试验机构、无损检测机构和气瓶检验机构。

(五)分包:是指检验检测项目中有部分检测项目委托由其他的检验检测机构承担。

第三章 质量管理体系

第五条 总的要求

(一)检验检测机构应该按照本要求建立、实施、保持并且持续改进与其检验检测活动相适应的质量管理体系。体系文件应该传达至有关人员,并且被其理解、获取和执行。

(二)质量管理体系应该文件化,并且达到确保检验检测质量和检验检测过程安全所需要的程度。

（三）检验检测机构应该描述内部组织的职责和隶属关系,如果检验检测机构为母体组织的一部分,还应该描述检验检测机构在其母体组织中的地位和在质量管理、检验检测过程控制以及支持服务方面的关系。

（四）检验检测机构应当有措施保证其管理层和员工不受任何对检验检测的服务质量和检验检测结果有不良影响的、来自内外部的不正当的商业、财务和其他方面的压力和影响。

（五）检验检测机构应该确保对检验检测过程中获得的商业、技术信息保密,使这些商业、技术信息的所有权受到保护。

第六条　文件要求

（一）质量管理体系文件应包括:

1.形成文件的质量方针和质量目标;

注:总体目标应该以文件形式写入质量方针声明,质量方针声明应该由最高管理者授权发布。

2.质量手册;

3.本要求所规定的程序文件;

4.检验检测机构为确保其检验检测过程的有效组织、实施和控制所需的文件,例如作业指导书、管理制度、记录表格等;

注:指导书一般包括:检验检测细则、检验检测方案、仪器设备操作规程、仪器设备核查规程、仪器设备自校准规定等。

5.与检验检测有关的外来文件,例如法规、技术规范、标准、政府相关部门的文函通知以及客户图纸、资料等。

注:文件可以采用任何形式或者类型的媒体。

（二）质量手册

检验检测机构应当编制和保持质量手册,质量手册应该包括（但不限于）:

1.体系的适用范围;

2.检验检测机构基本情况概述;

3.检验检测范围;

4.检验检测机构对政府特种设备安全监督管理部门和客户的义务和服务的承诺;

5.组织机构图;

6.技术负责人、质量负责人以及对检验检测质量有影响的相关人员的职责和权限;

7.体系各质量要素的原则性描述及其之间相互关系的描述;

8.引用的程序文件。

（三）程序文件

程序文件是对质量管理体系各质量要素的具体阐述,与质量手册一起共同构成对整个质量管理体系的描述。程序文件的范围应该覆盖本要求,其框架层次以及简繁程度应该根据检验检测机构的性质、规模和工作范围而确定。

（四）文件控制

检验检测机构应当控制本要求所覆盖的所有文件（内部或者外部的）,诸如质量手册、程序文件、作业指导书;采用的法规、技术规范、标准;客户提供的图纸、资料;使用的软件等。记录是一种特殊类型的文件,应当依据6.8的要求进行控制。

应该建立质量管理体系运行所需要文件的控制程序,以确保:

1. 文件发布前由授权人员审查并且得到批准,确保文件是充分与适宜的;

2. 必要时,对文件进行评审与更新,并且再次批准。如果可行,更改的或者新的内容应该在文件或者相应的附件中予以标明;

3. 文件的更新和修订状态应该得到识别,及时从所有使用场所撤出无效或者作废的文件,以防止非预期使用无效或者作废的文件;

4. 检验检测机构运作起重要作用的所有作业场所,都能够得到相关文件的有效版本;

5. 文件应当保持清晰、易于识别;

6. 外来文件应该得到识别,并且控制其发放;

7. 对保存在计算机系统中的文件的控制也应该达到以上要求。

第四章　管理职责

第七条 管理承诺

检验检测机构最高管理者应该通过以下活动,体现其检验检测服务满足本要求的承诺:

(一)在检验检测机构内传达严格遵守国家有关的特种设备法律、法规、技术规范,认真履行特种设备法律、法规所赋予的职责,满足政府与客户要求的重要性;

(二)完成政府特种设备安全监督管理部门下达的各项法定检验任务,并且自觉接受政府特种设备安全监督管理部门的监督和管理;

(三)制定质量方针和质量目标;

(四)建立质量管理体系,并且确保其有效运行和持续改进;

(五)在核准的范围内从事检验检测工作;

(六)按照规定实施管理评审;

(七)确保检验检测活动获得必要的资源。

第八条 以政府和客户为关注焦点

最高管理者应该以增强政府和客户的满意度为管理目标,以确保特种设备安全为目的。

检验检测机构应当依照《特种设备安全监察条例》规定进行检验检测工作,对其检验检测结果、鉴定结论承担法律责任。

第九条 质量方针

最高管理者应该确保质量方针:

(一)与检验检测机构的宗旨与性质相适应;

(二)涵盖对满足政府和客户的要求和持续改进质量管理体系有效性的承诺;

(三)在检验检测机构内得到沟通和理解;

(四)在持续适宜性方面得到评审。

第十条 策划

(一)质量目标

最高管理者应该确保在检验检测机构的相关职能和层次上建立质量目标并提供评价方法。质量目标应当是可考核的,并且与质量方针保持一致。

(二)质量管理体系的策划

最高管理者应该确保:

1.对质量管理体系进行策划,以满足质量目标以及 3.1 的要求;

2.在对质量管理体系的变更进行策划和实施时,应该保持质量管理体系的完整性。

第十一条　职责、权限与沟通

(一)职责和权限

最高管理者应该确保检验检测机构内部门和人员的职责、权限得到规定和沟通。

1.规定对检验检测质量有影响的所有管理人员、检验检测人员和关键岗位人员的职责、权力和相互关系。

2.配备技术负责人,并且规定明确的职责和权限,全面负责检验检测机构的技术运作。

注:可以根据检验检测机构的规模,技术负责人可以设置为技术管理层;在若干专业技术领域可以设立不同的授权技术负责人。

3.配备质量负责人,并且规定明确的责任和权限,以确保质量管理体系得到实施和保持,并且应该有直接渠道向最高管理者报告质量管理体系的业绩和任何改进的需求。

注:质量负责人的职责可以包括与质量管理体系有关事宜的外部联络;对规模较小检验检测机构,技术负责人和质量负责人可由一人兼任。

4.必要时指定关键管理人员的代理人。

(二)内部沟通

最高管理者应该在检验检测机构内建立各层次和职能间有效沟通的途径,确保有关法规、技术规范、标准信息;政府和客户要求信息;体系运行信息;检验检测质量和安全信息等能够得到有效的沟通。

注:沟通形式可以是多样的,例如质量和安全例会、简报、布告、内部刊物、联网等。

第十二条　管理评审

(一)最高管理者应该按预定的时间间隔和程序,定期评审质量管理体系和检验检测活动,以确保其持续的适宜性、充分性和有效性。评审应该包括评价管理体系改进的机会和变更的需要,包括质量方针和质量目标。

注:管理评审通常一年进行一次。

应当保持管理评审中发现问题和由此采取措施的记录。

(二)评审输入

管理评审的输入应包括以下方面的信息:

1.质量方针、目标的适宜性和体系文件的适用性;

2.政府特种设备安全监督管理部门的意见和要求以及法规、技术规范要求的满足程度;

3.近期审核(内部审核、外部审核)的结果;

4.客户反馈以及投诉；

5.工作业绩和检验检测服务的质量；

6.预防和纠正措施的状况；

7.以往管理评审的跟踪措施；

8.可能影响质量管理体系的变更；

9.改进的建议；

10.管理人员的报告；

11.其他相关信息。

(三)评审输出

管理评审的输出应该包括与以下有关方面有关的任何决定和措施：

1.质量管理体系的有效性及其改进措施；

2.与政府和客户要求有关的检验检测的改进；

3.资源需求。

第五章 资源配置、管理及技术支持

第十三条 检验检测机构应该保障履行检验检测服务，建立、保持质量管理体系并且持续改进其有效性所需的资源，以不断增强政府和客户的满意程度。

注：本要求所提及的资源主要指人力资源、检验检测设备、设施和环境、拥有的法规标准、信息和财务资源等。

第十四条 人力资源

(一)建立文件化的人员培训和管理程序，以确保所有与检验检测质量有关人员的能力。

(二)检验检测机构应该根据检验检测服务的需要配备足够的管理、工程技术和持证检验检测人员。

(三)从事管理和检验检测的人员应当是办理了合法聘用手续的签约人员。检验检测人员不得同时受聘于两个检验检测机构从事检验检测。

(四)应当根据有关人员的岗位能力、资格和经验制定培训计划，培训计划应该与检验检测机构当前和预期的任务相适应。检验检测机构应该为每个签约人员规定必要的培训，包括：

1.岗前培训；

2.岗位培训，在理论和实践经验较丰富的人员监督、指导下工作；

3.在整个受聘期间的继续培训，以便与法规、技术规范、标准的变更及技术发展同步。

(五)检验检测人员应该经过执业培训，并具备相应的资格和经验，熟知检验检测服务的要求，并且具备根据检验检测结果作出正确判断的能力。

注：检验检测人员出具报告的资格还需要遵守有关法规、技术规范、标准的要求。

(六)检验检测机构应该编制与检验检测有关的管理人员、检验检测人员和关键岗位人员的岗位说明书和岗位职责。

注：岗位说明书和岗位职责一般应该规定以下内容：

——从事检验检测服务方面的职责；

——出具综合检验检测报告／证书或者对报告／证书结果评价(审核、审批)方面的职责；

——管理职责；

——所需要的专业知识和经验要求；

——任职资格和培训要求。

(七)检验检测机构在使用临时借用的技术人员以及关键岗位人员时,应当确保这些人员是胜任的、受到监督的,并且依据检验检测机构的质量管理体系要求进行工作。

(八)检验检测人员的报酬不应该单纯依据实施检验检测的数量,更不能依据检验检测的结果。

(九)应该保持所有检验检测人员和技术人员的相关教育、培训和资格、技能、经历的记录。

第十五条　检验检测设备

(一)检验检测机构应该配备正确开展检验检测所需要的检验检测设备。当检验检测机构需要使用其控制之外的检验检测设备时,也应该确保满足本要求。

(二)检验检测设备及其软件应该达到要求的准确度,并且符合检验检测相应的规范要求。检验检测设备在投入工作前应该进行检定／校准、核查,以验证其能够满足检验检测的需要。有检定／校准要求的检验检测设备,应该使用适宜标识表明其检定／校准状态。

(三)检验检测设备使用和维护的最新版说明书(包括设备制造商提供的有关手册)应该能够方便地提供给检验检测人员使用。

(四)对检验检测结果有影响的检验检测设备及其软件,均应该加以唯一性标识,例如设备编号等。

(五)应当保存对检验检测结果有重要影响的检验检测设备及其软件的档案。该档案一般应该包括:

1. 设备及其软件的名称、唯一性标识;

2. 制造商名称、型式型号、系列号或者出厂编号;

3. 接收日期、启用日期、接收时的状态和验收记录;

4. 设备说明书或者制造商的其他资料;

5. 所有检定／校准证书／报告,设备调试、验收记录和检定／校准计划;

6. 维护保养计划(必要时);

7. 设备的任何损坏、故障、改装、改进或者修理记录;

8. 设备的操作规程。

(六)检验检测机构应该建立安全处置、运输、存放、使用、检定／校准、修理和有计划维护检验检测设备的程序,以确保其功能正常并且延缓性能退化。

(七)由于过载或者误操作出现可疑结果,或者已表明有缺陷以及超出规定限度的检验检测设备,均应停止使用。这些设备应该予以隔离以防误用,并且加贴标签、标记以清晰表明该设备已停用,直至修复并通过检定／校准合格,表明能够正常工作为止。同时,检验检测机构应该核查这些检验检测设备对先前的检验检测的影响,并且执行"不符合工作的控制"程序(见第二十八条)。

(八)检验检测机构应该确保检验检测设备脱离了检验检测机构的直接控制再返回后,使用前对其功能和检定/校准状态进行检查并且能够确保功能正常。

(九)应该制定并且执行检验检测设备的检定/校准计划,以确保检验检测机构进行的检测可以溯源到国家或者国际测量标准;当无法溯源到国家或者国际测量标准,或者与其无关时,检验检测机构应该提供检查结果相关性或者准确性的充分证据,例如通过自校、比对等方式。

注:当检测不能溯源到国家或者国际测量标准时,检验检测机构需要明确自身检测的可追溯性的依据和出处,将分析及收集到的有关证明材料存档,并且努力将比对结果作为佐证。如果溯源到有证标准物质,则要收集并且保存标准物质的校准证书及其提供者的资质证明;如果追溯到某种规定的方法和公认标准,则需要指出出处,明确是国际、国内标准还是法规的规定,或是国际、国内同行间的一种约定,或是有关方的一种约定,或是国内外某领先企业提供的检测方法/仪器设备使用说明书等。

第十六条 设施和环境条件

(一)检验检测机构应该完善并且管理为达到检验检测要求所需要的设施和环境,使其有助于检验检测的正确实施,并且确保其条件不会使检验检测结果无效,或者对检验检测质量产生不良影响。

(二)设施和环境条件对结果质量有影响时,检验检测机构应监测、控制和记录工作和环境条件。当条件危及检验检测的结果时,应该停止检验检测。必要时,还应当提出有关健康、安全和环保的要求。

第六章　检验检测实施

第十七条 检验检测机构应该确定检验检测实施的过程,以提供满足有关法规、技术规范、标准要求的检验检测服务。应该策划、确定并且控制这些过程的顺序和相互作用,以确保其运行有效。

应该对有关检验检测的实施过程规定监督的职责,确保这些过程的运行处于受控状态,以保证检验检测结果满足有关法规、技术规范、标准的要求,并且与检验检测机构的质量方针和质量目标相一致。

第十八条 与政府和客户有关的过程

(一)与检验检测有关要求的评审/控制

1.检验检测机构应该有工作指令控制和/或合同评审程序,以确保:

(1)政府委派的检验检测和报检的法定检验检测得到实施。

注:政府委派的检验检测和法定检验检测一般可不与客户签订合同,而通过受理客户的报检、下达工作指令方式进行。

(2)开展检验检测的条件能够得到满足。

注:这里的条件指合同条件,而不是检验检测地点的物质条件。这些条件通常包括的情况有:

——可以获得的书面检验检测历史以及背景,例如历次检验检测报告、设备运行状况和运行记录等；

——进入现场的安全要求；

——检验检测的各项准备工作,包括检验检测辅助工作及要求；

——对不良天气条件影响的反应。

(3)政府和客户的要求被充分明确、文件化和理解。

(4)在被核准范围内从事检验检测,并且有充分的资源来满足政府和客户要求。

(5)向负责检验检测的人员下达明确的工作指令。

注:在接受口头合同的情况下,检验检测机构需要保存所有工作指令的记录,包括口头上接受的要求／协议、日期和客户代表、指令发布人。

(6)确定和应用适当的并且能够满足政府和客户要求的检验检测方法。

(7)应该对拟分包的检验检测工作进行评审。

2.对工作指令和/或合同理解上的差异在检验检测之前应该已经得到解决。每项工作指令或者合同既要符合法律、法规、技术规范的要求,又要得到检验检测机构和客户的确认。

3.如果特殊情况下不能实施/完成法定检验检测任务,应该事先向政府特种设备安全监督管理部门报告,在客户已报检的情况下,还应当告知客户。

4.应该保存工作指令和/或合同及其评审记录,包括重大变更的记录。

5.如果检验检测过程中需要修改工作指令或者合同,应该重新进行同样的评审过程,任何修改均应该通知相关的人员。

(二)接受政府的监察

1.检验检测机构应该接受政府的监督检查和抽查。

2.检验检测机构应该建立科学可靠的检验检测数据档案,实现检验检测与安全监察机构间的数据网络传输和共享,协助动态监管工作,并且及时上报有关检验检测工作情况报表和统计资料等,完成授权检验任务。

(三)对政府和客户的服务

1.检验检测机构开展检验检测服务时,应当遵守法律、法规、技术规范、政府以及客户对有关检验检测安全、质量、完成时间和收费标准等方面的规定。公开检验检测办事程序、收费标准、服务承诺,接受社会监督。

2.检验检测机构应当确保对自身检验责任区域或者范围内特种设备法定检验工作的完成,对未按时报检的客户,检验检测机构有义务督促其按政府的规定进行报检;并且为政府做好特种设备安全监察工作的技术支撑。

3.检验检测机构应该在检验检测信息咨询、工作指令、合同处理及其修改方面建立和保持与客户的有效联系与沟通,以便明确和满足客户的要求,并且接受客户监督。

4.在确保相关客户机密和利益不受侵害的前提下,允许客户到检验检测机构实施检验检测的工作现场,巡视为其所作的检验检测工作。

第十九条　检验检测方法

(一)检验检测机构应该制定检验检测方法的确定和应用程序,确保采用适当的检验检测方法实施检验检测服务,保障检验检测目的的实现和满足有关法律、法规、技术规范和标准的要求。

所有与检验检测有关的作业指导文件、法规、技术规范和参考资料均应该保持现行有效并且被检验检测人员取阅和实施。

（二）检验检测方法的确定

1. 检验检测方法应该优先采用法律、法规、技术规范明确规定的标准、方法，以及合同约定或者客户要求采用的标准、方法。

2. 当缺少文件化的作业指导书可能影响检验检测结果或者实施过程时，检验检测机构应该制定（包括但不限于）检验检测细则、检验检测方案、检验检测工艺等作业指导文件，用以指导检验检测的实施和结果的判定。

3. 检验检测机构制定检验检测作业指导文件的过程应该是有计划的活动，并且指定有足够资格和能力的人员进行。

（三）非标准检验检测方法

1. 当检验检测方法无标准可以依据，或者需要扩大标准使用范围，或者需要使用检验检测机构自行制定的检验检测方法时，应该征得委托客户的同意。拟在法定检验过程中采用非标准检验检测方法时，该方法在使用前应当得到履行特种设备安全监察职能的政府部门的确认或者审批。

2. 检验检测机构应该对非标准检验检测方法、超出标准预期使用的方法、自行制定的方法是否适合检验检测的预期用途和与政府或者客户的要求是否相适应进行评审。

注：评审的方法宜是下列情况之一，或者是其组合：

——与其他方法所得结果进行比较；

——检验检测机构间的比对；

——下一检验周期时的复查或者留样复检；

——有关事故分析的结果；

——对影响结果的因素作系统评审。

（四）检验检测方法的应用

1. 检验检测机构应该确保检验检测方法能够为检验检测人员熟知并且得到正确运用和实施。

2. 当检验检测需要偏离检验检测方法时，该偏离应文件化，并且经过技术负责人审批，获得客户的同意。必要时还应当得到履行特种设备安全监察职能的政府部门的批准。

3. 当认为客户提出的标准、方法不合适或者已经过期时，检验检测机构应该通知客户。

第二十条 **采购服务和供应品**

（一）对检验检测质量有影响的采购服务和供应品，检验检测机构应该制定采购制度和程序。程序中应该包括与检验检测质量有关的消耗材料的采购、验收、存储和使用要求。

（二）检验检测机构应该只使用具有良好信誉并且满足检验检测所需要质量的消耗材料、供应品和服务。应该对影响检验检测质量的关键服务方、供应方进行评价，并且保存这些评价的记录和获得批准的服务方和供应方名单。

(三)检验检测机构应该确保所规定的采购要求是充分与适宜的。采购文件在发出之前,其技术内容应该经过审查和批准。

第二十一条　检验检测分包

(一)通常情况下,检验检测机构应该独立完成检验检测任务。监督检验项目不得分包。

(二)当分包只是整个检验检测项目的较少部分时,在下列情况下可以分包:

1.在无法预料或者非正常的情况下,例如关键人员临时不能上岗、关键检验检测设备临时不能投入使用等;

2.检验检测机构在一些特殊领域缺少专门的技术和/或装备。

注:下列情况不属分包:

——提供与检验检测相关的服务,例如检验检测设备的校准服务等;

——检验检测机构临时聘用与检验检测有关的具有专门技术的人员,并且已签订正式合同,纳入检验检测机构质量体系的;

——临时借用检验检测机构之外的检验检测设备。

(三)检验检测机构应该在检验检测前将分包安排书面通知客户,并且得到客户的同意。法定检验检测项目的分包还应该告知当地特种设备安全监察机构。

(四)检验检测机构应该确认分包方具备承担分包项目的检验检测资格,并且经过评价确认分包方的工作能够满足本要求。

(五)检验检测机构应该就其分包方的工作对客户负责,由客户或者政府指定的分包方除外。

(六)检验检测机构应该对分包方的工作质量进行监督。

(七)应该保存分包方的名录、评审记录以及由分包方完成的检验检测记录和符合本要求的证明、监督记录等。

第二十二条　抽样及样品处置

(一)对检验检测对象或者部位进行抽样时,检验检测机构应该有抽样计划或者抽样要求。抽样过程应该注意需要控制的因素,以确保检验检测结果的有效性、代表性以及检验检测结论的可靠性。

注:当检验检测对象为批量性产品,进行非逐台(件)检验检测时,抽样应该用统计方法确保其代表性;当检验检测对象为单件产品,对产品某些部位进行抽样检验检测(局部检测)时,抽样的部位应该满足法规、标准和该项检测目的的要求。

(二)当客户对检验检测机构的抽样计划或者抽样要求有偏离但不违反有关法规、标准时,应该详细记录在相应的抽样记录中,包括检验检测结果的文件中。有关责任人的信息应该予以记录。

(三)对检验检测样品应该有接受、处置、保护、储存、留样和/或清理的程序,确保样品在接受、处置、储存和准备及检验检测过程中不会发生退化变质、丢失、损坏或者破坏。

(四)检验检测机构应该具有检验检测物品的标识系统。适当时,检验检测机构应该在检验检测实现的全过程中使用适宜的方法识别检验检测对象。在有可追溯性要求的场合,检验检测机构应该控制并且记录检验检测对象的唯一性标识。标识系统的设计和使用应该确保物品不会在实物上或者在涉及的记录和其他文件中混淆。

第二十三条　检验检测安全

（一）检验检测机构应该建立并且保持程序，以持续对危及人员职业健康和安全的危险源进行辨识，评价其风险并且实施必要的风险控制。

（二）检验检测机构应该根据危险源辨识、风险评价结果识别潜在的事故或者紧急情况，制定和采取相应的控制和安全应急措施，以便预防和减少可能随之引发的疾病和伤害。如果可行应该定期评审和测试这些安全应急措施。

（三）检验检测机构应该给予管理和检验检测人员足够的培训，以使其都能够意识并且知晓：

1. 检验检测活动中实际的和潜在的职业健康与安全后果；

2. 在执行有关职业健康与安全程序，实现职业健康与安全管理要求（包括安全应急措施）方面的作用和职责；

3. 偏离职业健康与安全程序的潜在后果；

4. 检验检测现场所有实际的和潜在的危险源及采取的控制与应急措施。

（四）所有危险源辨识、风险评价、风险控制以及安全培训等记录应该予以保存。

第二十四条　记录

（一）检验检测机构应该制定和实施记录的标识、收集、检索、存取、存档、保存期限和处置的程序，建立并且维持质量记录、技术记录和安全措施记录，以提供检验检测的符合性和检验检测机构质量管理体系运行的有效证据。质量记录应该包括来自内部审核和管理评审的报告以及纠正和预防措施的记录。

注：记录可存于任何形式的载体上，例如硬拷贝或者电子媒体。

（二）所有记录应该清晰明了，并且应该保存在合适的环境中，以免损坏、失密，并易于检索。

（三）检验检测机构应该规定记录保存期限，并且确保记录的安全保护和保密。

（四）技术记录

1. 每项检验检测的记录应该包含足够的信息，并且保证该检验检测在尽可能接近原条件的情况下能够复现。记录应该包括取样的人员、检验检测的执行人员，以及结果校核人员的标识。

注：检验检测原始记录内容除人员标识外，一般还应该包括：原始记录对应于检验检测报告的识别编号；被检对象的唯一性编号、技术参数、状态和环境条件；检验检测设备的唯一性编号、技术参数；检验检测项目及内容；检验检测部位的描述；检验检测依据、数据、结果及日期等。

2. 观察结果、数据和计算应该在检验检测时予以记录，并且能够按照特定任务或者项目分类识别。

3. 当记录中出现错误时，每一错误应该划改，不可擦涂掉或者使字迹模糊或者消失，应该把正确值填写在其旁边。对记录的所有改动应该有改动人的签名或者签名缩写。对电子存储的记录也应该采取同等措施，以避免原始数据的丢失或者改动。

注：技术记录是进行检验检测所得数据和信息的积累。技术记录可以包括工作指令、

协议或者合同、工作手册、工作笔记、检验检测记录表格、检验检测报告／证书、检验检测报告／证书审核审批传递及反馈等。

第二十五条 检验检测报告/证书

(一)检验检测机构完成的检验检测服务应该体现在检验检测报告/证书中。

(二)检验检测报告/证书应该包括所有检验检测依据、结果以及根据这些结果作出的符合性判断(结论),必要时还应该包括对符合性判断(结论)的理解、解释和所需要的信息。所有这些信息应该正确、准确、清晰地表达。

(三)当检验检测报告/证书中包含有分包方提供的结果时,应该明确标识。

(四)报告/证书格式应当适应所进行的每一类检验检测,并且将误解和错误降到最小。法规、标准有要求的,检验检测报告/证书应当直接采用法规、标准要求的格式;法规、标准没有要求的,报告/证书格式应该满足 6.9.2 款项的要求。

(五)检验检测报告/证书应该由检验检测机构负责人(最高管理者)或者授权技术负责人签发或者批准。检验检测机构及其检验检测人员对检验检测结果、鉴定结论负责。

(六)检验检测报告/证书以及专用印章应该有专人保管,并且建立使用管理规定。

(七)报告/证书发出后需要更正时,对于不影响检验检测结论的更正,可以采用补充说明方式,书面传递给客户。对于影响检验检测结论的更正应当书面通知客户并且将原报告和证书收回、注销、归档并记录,再重新发出更正后的报告。当发生检验检测结论的更正结果为"不合格"时,还应当及时告知负责该设备登记的质量技术监督部门。

(八)应当对存档的报告/证书及其原始记录的储存条件、保存时间和借阅作出规定,防止这些检验检测结果的见证件被损坏、丢失、更改和不恰当的处置。

第二十六条 检验检测质量的监督

检验检测机构应该有对检验检测过程和结果实施监督的程序,以保证检验检测工作的质量。这种监督应该是有计划和经过评审的,并且可以包括(但不限于)下列内容:

(一)定期监督、考核检验检测人员的工作能力和质量。

注:对检验检测人员的监督、考核应该包括在检验检测现场进行的监督和考核。这种监督、考核每年都应该进行,每个从事检验检测的人员五年内至少需经历一次。

(二)定期评审检验检测细则、检验检测方案、仪器设备操作规程等作业指导文件。

(三)定期评审已发出的检验检测报告/证书及其相关性。

注:评审包括同一特种设备不同时期的检验检测报告/证书。

(四)采用统计技术的内部质量控制图。

(五)参加检验检测机构间的比对或者能力验证计划。

(六)利用相同或者不同方法进行重复检验检测。

(七)对检验检测样品或者存留样品进行再检测。

(八)分析一个检验检测对象不同特性结果的相关性。

第七章 质量管理体系分析与改进

第二十七条 内部审核

(一)检验检测机构应该按照预先制定的计划和程序进行内部审核,以验证质量管理体系的运行持续符合本要求。

（二）内部审核应该涉及管理体系的全部要素，包括检验检测活动。内部审核由质量负责人组织并且应该由经过培训和具有经验的人员执行。审核人员的选择和审核的实施应该确保审核过程的客观性和公正性，审核人员应该独立于被审核的活动。

（三）内部审核程序文件中应该对策划和组织实施内部审核以及出具内审报告、保持相应质量记录的职责和要求作出规定。

（四）接受审核部门的管理者应该确保及时采取纠正措施，以消除所发现的不符合及其原因。跟踪活动应该包括对所采取措施的验证和验证结果的报告。如果调查表明检验检测机构的检验检测结果可能已受影响，应该书面通知政府特种设备安全监督管理部门和客户。

第二十八条　不符合工作的控制

（一）当检验检测的任何方面，或者检验检测的过程和结果不符合法规、技术规范、标准、体系文件的要求，或者检验检测报告抽查评审发现结果不符合时，检验检测机构应该实施既定的不符合控制程序。该程序应该保证：

1.确定对不符合工作进行管理的责任和权力，规定当不符合工作被确定时所采取的措施（包括必要时暂停检验检测服务，扣发检验检测报告／证书），避免不符合扩大化造成更严重的后果。

2.对不符合工作的严重性进行评价。

3.立即采取纠正活动，同时对不符合工作的可接受性作出决定。

4.必要时，通知客户并且取消该次检验检测服务，对法定检验检测还应该通知政府特种设备安全监督管理部门并且接受处理。

5.确定批准恢复检验检测服务的职责。

（二）当评价表明不符合工作可能再度发生，或者对检验检测机构的运作与其制度和程序的符合性产生怀疑时，应该立即执行纠正措施程序。

第二十九条　投诉

检验检测机构应该明确受理投诉的部门，并且有方针和程序处理来自客户或者其他方面的投诉。应该保存所有投诉的记录及针对投诉所开展调查和采取纠正措施的记录。

第三十条　数据分析

检验检测机构应该确定、收集和分析适当的数据，以证实质量管理体系的适宜性和有效性，并且评价在何处可以持续改进体系的有效性。

数据分析应该提供以下有关方面的信息：

（一）客户满意情况；

（二）与检验检测法规、技术规范、标准的符合性；

（三）检验检测质量和安全的特性及趋势，包括采取预防措施的机会；

（四）服务方和供应方；

（五）检验检测分包方。

第三十一条　改进

（一）持续改进

检验检测机构应该利用质量方针、质量目标、内部或者外部审核结果、数据分析、纠正和预防措施以及管理评审,持续改进体系的有效性。

(二)纠正措施

1.检验检测机构应该采取措施,以便在确认了不符合工作、质量管理体系或者技术运作偏离了其制度和程序时实施纠正,以消除不符合的原因,防止不符合的再发生。纠正措施应该与所遇到不符合的影响程度相适应。

2.应该编制形成文件的程序,以规定以下方面的要求:

(1)评审不符合(包括客户抱怨/投诉);

(2)确定不符合的根本原因;

(3)评价确保不符合不再发生的纠正措施的需求;

(4)确定和实施所需的纠正措施;

(5)记录所采取措施的结果;

(6)评审所采取的纠正措施,对纠正措施的结果进行监控,以确保所采取的纠正活动是有效的。

(三)预防措施

检验检测机构应该确定措施,以消除潜在不符合的原因,防止不符合的发生。预防措施应该与潜在问题的影响程度相适应。

应该编制形成文件的程序,以规定以下方面的要求:

1.确定潜在不符合及其原因和所需要的改进;

2.评价防止不符合发生的预防措施的需求;

3.确定和实施所需的预防措施,以减少类似不符合情况发生的可能性;

4.记录所采取措施的结果;

5.评审所采取的预防措施,以确保其有效性。

第八章 附 则

第三十二条 本要求由国家质检总局负责解释。

附录6 气瓶充装许可规则

（TSG R4001—2006）

第一章 总则

第一条 为了规范气瓶充装许可工作，加强气瓶充装单位的安全管理，保证气瓶充装和使用安全，根据《特种设备安全监察条例》以及《气瓶安全监察规定》等有关规定，制定本规则。

第二条 本规则适用于《气瓶安全监察规定》适用范围内的气瓶充装单位。

第三条 气瓶充装单位应当经省级质量技术监督部门（以下简称发证机关）批准，取得气瓶充装许可证后，方可在批准的范围内从事气瓶充装工作。

第四条 各级质量技术监督部门负责监督本规则的实施。

第二章 许可条件

第五条 气瓶充装单位应具备以下基本条件：

（一）具有法定资格；

（二）取得政府规划、消防等有关部门的批准；

（三）有与气瓶充装相适应的符合相关安全技术规范的管理人员、技术人员和作业人员；

（四）有与充装介质种类相适应的充装设备、检测手段、场地厂房、安全设施和一定的充装介质储存（生产）能力和足够数量的自由产权气瓶；

（五）有健全的质量管理体系和安全管理制度以及紧急处理措施，并且能够有效运转和执行；

（六）充装活动符合安全技术规范的要求，能够保证充装工作质量；

（七）能够对气瓶使用者安全使用气瓶进行指导、提供服务。

具体的资源条件（包括人员和充装设施）见附件 A、质量管理体系要求见附件 B、充装工作质量要求见附件 C。

第三章 许可程序

第六条 气瓶充装许可程序包括申请、受理、鉴定评审和审批发证。

第七条 申请气瓶充装许可的单位（以下简称申请单位），填写《气瓶充装许可申请书》（以下简称申请书，一式四份，附电子文件），并且附以下资料（各一份），向单位所在地的发证机关提出书面申请：

（一）工商营业执照或者工商行政管理部门同意办理工商营业执照的证明（复印件）；

（二）政府规划、消防等有关部门的批准文件（复印件）；

(三)气瓶使用登记表;

(四)质量管理手册。

第八条　发证机关接到书面申请后,应当在 5 个工作日内作出是否受理其申请的决定,在申请书上签署受理或者不受理意见,返回申请单位。不同意受理时,还要向申请单位出具不受理决定书。

第九条　申请被受理后,申请单位可以进行气瓶充装线调试,约请由国家质量监督检验检疫总局(以下简称国家质检总局)公布的气瓶充装鉴定评审机构(以下简称鉴定评审机构)进行鉴定评审,并向鉴定机构提交如下资料:

(一)已签署受理意见的《气瓶充装许可申请书》正本一式三份;

(二)《特种设备鉴定评审约请函》(格式见国家质检总局颁布的《特种设备行政许可鉴定评审管理与监督规则》)一式三份;

(三)质量管理手册一份;

(四)申请单位的综合自查报告。

第十条　鉴定评审机构应当按照《特种设备行政许可鉴定评审管理与监督规则》(以下简称《鉴定评审规则》)的要求,派出鉴定评审组对申请单位的资源条件、质量管理体系和充装工作质量进行现场审查,提出评审结论意见。

第十一条　评审结论意见分为"符合条件"、"需要整改"、"不符合条件"。

申请单位满足许可条件的,为"符合条件";申请单位现有情况不符合许可条件,但是在短时间内进行整改,能够达到许可条件的,为"需要整改"。

存在以下情况,为"不符合条件":

(一)申请单位的法定资格与申请书不符;

(二)申请单位的实际资源条件与申请书不符,不能满足申请项目的要求;

(三)质量管理体系没有建立或者不能有效运行,规章制度、操作规程等主要环节没有得到有效控制,管理混乱;

(四)充装工作质量得不到保证;

(五)申请单位在许可工作中有弄虚作假行为。

评审结论意见为"需要整改"或"不符合条件"的,鉴定评审组应当按照《鉴定评审规则》的要求,出具《特种设备鉴定评审工作备忘录》,书面通知申请单位。

评审结论意见为"需要整改"的,申请单位完成整改工作后应当出具整改报告,书面报告鉴定评审机构,由鉴定评审组组长进行核实并且提出整改确认报告,必要时可以安排鉴定评审人员进行现场确认。进行现场确认时,鉴定评审机构应当报告发证机关及其下一级质量技术监督部门。

第十二条　鉴定评审机构意见为"符合条件"或者经过整改确认"符合条件"的,鉴定评审组应当按照《鉴定评审规则》的规定及本规则附件 D 的格式,及时填写《气瓶充装许可鉴定评审报告》(以下简称鉴定评审报告),其中附件 D 中的四、五、六、七、九、十、十一内容的格式,由鉴定评审机构自行制定。经过整改确认符合条件的,《鉴定评审报告》应当注明"整改后经现场(书面)确认,符合条件"。

鉴定评审报告由鉴定评审组长提交鉴定评审机构审核,并且按照鉴定评审机构质量管理体系文件规定的要求进行审批并加盖鉴定评审机构章。

第十三条 发证机关在接到鉴定评审报告后,应当在 20 个工作日内完成审查、批准手续,在 10 个工作日内向符合规定条件要求的单位颁发气瓶充装许可证。

第十四条 气瓶充装许可证应当载明下列事项:

(一)充装单位名称;

(二)充装地址;

(三)许可充装范围;

(四)自有气瓶数量;

(五)发证日期和有效期限;

(六)证书编号。

气瓶充装许可证参考样式见附件 E。

第十五条 气瓶充装许可证有效期为 4 年。气瓶充装单位需要继续从事气瓶充装活动,应当在气瓶充装许可证有效期满 6 个月前向发证机关提出换证申请,按照本章规定程序,符合规定要求的换发新证。对于能够按照规定办理气瓶使用登记并且年度监督检查均合格的气瓶充装单位,经发证机关同意可以直接换发新证。

气瓶充装单位未按规定提出换证申请或者未获准换证,有效期满后不得继续从事气瓶充装工作。

气瓶充装单位因特殊原因不能按期换证,需要延续已取得的气瓶充装许可证有效期时,应当在气瓶充装许可证有效期满 30 日前向发证机关提出申请,经过批准后可以办理延续手续,但是延续时间一般不应当超过一年。

第四章 监督管理

第十六条 发证机关应当定期将本地区气瓶充装许可证的审批、颁发情况向社会公布,并且于每年年底报国家质检总局备案。

第十七条 气瓶充装单位应当在批准的充装范围内从事气瓶充装工作,不得超范围充装。气瓶充装单位不得转让、买卖、出租、出借、伪造或者涂改气瓶充装许可证。

第十八条 气瓶充装单位发生更名、产权变更、充装场地变更等情况,应当在变更后30 日内向发证机关申报。发证机关根据充装单位的变更申报,作出予以许可、进行必要的检查或者重新办理许可申请手续等决定,并且通知充装单位。

充装单位需要变更充装范围,应当在变更前向发证机关申请,由发证机关进行必要的检查,方可办理变更手续。

第十九条 气瓶充装单位应当采用计算机对自有产权气瓶进行建档登记,积极采用信息化手段对气瓶进行安全管理。气瓶建档登记的内容应当包括出厂合格证、质量证明书、气瓶定期检验状况及合格证明、气瓶使用登记证以及气瓶使用登记表等。

第二十条 鼓励充装单位实行连锁经营或者规模化、集约化经营。对自有产权气瓶数量超过一定规模的充装单位,发证机关可以制定相应的优惠政策予以支持。

第二十一条 市(地)级质量技术监督部门每年应当对本辖区内的气瓶充装单位进行 1 次年度监督检查。年度监督检查内容按照国家质检总局颁布的现场安全监督检查的要求进行。年度监督检查结论应当记录在气瓶充装许可证副证上。

年度监督检查不合格，充装单位应在 20 日内完成整改，整改仍不合格的，市(地)级质量技术监督部门向发证机关建议撤销气瓶充装许可证。

第二十二条　气瓶充装单位每年底应当向市(地)级质量技术监督部门报告拥有建档气瓶的种类、数量、充装站警示标签样式以及当年已经进行定期检验的气瓶数量和下一年到期计划需要进行定期检验的气瓶数量。

第五章　附　则

第二十三条　各省、自治区、直辖市质量技术监督部门，应当结合本地区实际情况，制定实施细则，明确充装站规模和自有气瓶数量的具体要求，报国家质检总局备案。

第二十四条　混合气体、低温液化气体、车用气瓶加气站的气瓶充装许可，也应当按本规则执行，但是车用气瓶加气站没有自有产权气瓶数量要求。

第二十五条　气瓶充装许可证由发证机关统一印制。

第二十六条　本规则由国家质检总局负责解释。

第二十七条　本规则自 2006 年 10 月 1 日起施行。

附件 A

气瓶充装单位资源条件

A1　人员

A1.1　管理人员

A1.1.1　负责人(站长)

应当熟悉充装介质安全管理相关的法规，取得具有充装作业(站长)的《特种设备作业人员证》。

A1.1.2　技术负责人

设 1 名技术负责人，熟悉介质充装的法规、安全技术规范及专业知识，具有本资源条件 A5.3 条所列标准规定的相应技术职称的任职资格。

A1.1.3　安全员

设专(兼)职安全员，安全员应当熟悉安全技术和要求，并切实履行安全检查职责。

A1.2　技术人员

检查人员不少于 2 人，并且每班不少于 1 人，应当经过技术培训，取得《特种设备作业人员证》。

A1.3　作业人员

A1.3.1　充装人员

每班不少于 2 人，取得具有充装作业项目的《特种设备作业人员证》。

A1.3.2　化验、检验人员

配备与充装介质相适应的化验员、气瓶附件检修人员，并且经过技术和安全培训，有培训记录。

A1.3.3 辅助人员

配备与充装介质相适应的气瓶装卸、搬运和收发等人员,并且经过技术和安全培训,有培训记录。

A2 充装工艺设备

A2.1 充装设备

有满足以下要求的充装设备:

(1)保证液化气体(包括液化石油气)充装必须做到称重充装,并且有专用的复秤衡器;

(2)对流水线作业的大型液化石油气充装站应当安装超装自动切断气源的灌装秤;

(3)对小型液化气体充装站必须安装超装自动报警装置;

(4)永久气体充装必须配备防错装接头;

(5)氢、氧、氮气体充装必须配备抽真空装置;

(6)溶解乙炔充装必须有测量瓶内余压、剩余丙酮量和补加丙酮的装置,有冷却喷淋和紧急喷淋装置,并且有可靠水源。

A2.2 工艺设备

应当与设计一致,并且与充装介质种类、充装数量相适应,充装速度控制在规定范围内。

A2.3 充装能力和产权气瓶数量

具有一定的充装介质储存能力和一定数量的自有产权气瓶。

注:充装介质的储存能力和自有产权气瓶的数量由发证机关根据当地具体情况予以规定。

A2.4 气瓶管理

应当达到以下要求:

(1)建立气瓶登记台账和档案,办理了气瓶使用登记,对气瓶实行计算机管理;

(2)气瓶颜色标志符合规定,安全附件齐全;

(3)气瓶瓶体上有充装单位标志和钢印(永久)标记,张贴警示标签和充装标签,瓶体整洁;

(4)改装气瓶或者不符合安全技术规范要求的气瓶不得充装使用。

A2.5 残液、残气处理能力

应当达到以下要求:

(1)有判明瓶内残液、残气性质的仪器装置;

(2)有处理易燃、有毒介质残液、残气的设施,且记录齐全。

A3 检测手段

配备符合以下要求的检测仪器和计量器具:

(1)有与充装介质相适应的介质分析检测、压力计量、温度计量、称重衡器和浓度报警仪器,计量器具应当灵敏可靠,布局合理,并按规定进行定期校验;

(2)以电解法制取氢、氧的充装站,有氧、氢纯度化学分析仪器。

A4 场地厂房

应当符合本资源条件 A5.3 条件列标准的相应要求。

A5　消防及安全设施

A5.1　消防设施和消防措施

消防设施和消防措施应当符合以下要求：

(1)配备相应的消防器材,且经消防检查合格;

(2)设置安全警示标志;

(3)有符合安全技术要求的气瓶待检区、不合格瓶区、待充装区和充装合格区,并且有明显隔离措施;

(4)易燃易爆气体充装场地、设施、电器设备必须防爆、防静电;

(5)在易燃易爆气体充装间、压缩间、重瓶库等地点设置气体浓度报警器。

A5.2　应急救援措施

配有事故应急救援预案涉及的应急工器具,并且定期进行应急救援预案演练。

A5.3　安全设施

充装安全设施应当符合以下标准有关安全设施的要求：

(1)GB17264—1998《永久气体气瓶充装站安全技术条件》;

(2)GB17265—1998《液化气体气瓶充装站安全技术条件》;

(3)GB17266—1998《溶解乙炔气瓶充装站安全技术条件》;

(4)GB17267—1998《液化石油气充装站安全技术条件》。

A5.4　检修间

有气瓶维护保养场所,并配备相应的工器具。

附件 B

气瓶充装质量管理体系要求

B1　编制的基本要求

质量管理体系的编制符合以下基本要求：

(1)质量管理手册正式颁布实施,并且能够根据有关法规、标准和本单位的实际情况的变动、充装工艺的改进而及时修改;

(2)质量管理体系符合本单位实际情况,绘制了体系图,有充装工艺流程图,能够正确有效地控制充装质量和安全。

B2　管理职责

B2.1　组织机构

设置合理,关系明确,有组织机构图。

B2.2　管理人员

正式任命责任人员,熟悉相关法规、规章、安全技术规范、标准,能够认真履行职责。

B3　管理职责

建立了以下各项管理制度和人员岗位责任制,并且能够有效执行：

(1)各类人员岗位责任制；

(2)气瓶建档、标识、定期检验和维护保养制度；

(3)安全管理制度(包括安全教育、安全生产、安全检查等内容)；

(4)用户信息反馈制度；

(5)压力容器(含液化气体罐车)、压力管道等特种设备的使用管理以及定期检验制度；

(6)计量器具与仪器仪表校验制度；

(7)气瓶检查登记制度；

(8)气瓶储存、发送制度(例如配带瓶帽、防震圈等)；

(9)资料保管制度(例如充装资料、设备档案等)；

(10)不合格气瓶处理制度；

(11)各类人员培训考核制度；

(12)用户宣传教育及服务制度；

(13)事故上报制度；

(14)事故应急救援预案定期演练制度；

(15)接受安全监察的管理制度。

B4 安全技术操作规程

建立了以下各项操作规程，并且能够适应有效实施：

(1)瓶内残液(残气)处理操作规程；

(2)瓶充装前、后检查操作规程；

(3)气瓶充装操作规程；

(4)气体分析操作规程

(5)设备操作规程；

(6)事故应急处理操作规程。

B5 工作记录和见证材料

制定了以下工作记录和见证材料，能够适应工作需要，并且得到正确的使用和管理：

(1)收发瓶记录；

(2)新瓶和检验后首次投入使用气瓶的抽真空置换记录；

(3)残液(残气)处理记录；

(4)充装前、后检查和充装记录；

(5)不合格气瓶隔离处理记录；

(6)气体分析记录；

(7)质量信息反馈记录；

(8)设备运行、检修和安全检查等记录；

(9)液化气体罐车装卸记录；

(10)安全培训记录；

(11)溶解乙炔气瓶丙酮补加记录。

附件 C

气瓶充装工作质量要求

C1　充装前、后的检查

能够逐只对充装气瓶进行以下项目的检查,检查要求符合相应规定,记录齐全,符合要求。

(1)外观;

(2)定期检验情况;

(3)标志(颜色标志、钢印标志、警示标志);

(4)充装介质及其压力(重量);

(5)附件,包括瓶阀、防震圈。

对盛装易燃有毒介质的气瓶,在充装后,应当进行检漏。

C2　充装工作质量

充装工作能够保证质量,符合以下要求:

(1)充装过程能按规定进行操作,并有专人进行巡回检查;

(2)气瓶充装的温度、压力及其流速符合规定;

(3)溶解乙炔气瓶充装时间及静止时间符合要求,充装后应当逐瓶称重和检查压力;

(4)液化气瓶充装量符合有关规定,能够进行复称;

(5)永久气体充装压力符合规定;

(6)认真及时填写充装过程记录;

(7)充装的气瓶都建立了档案。

参 考 文 献

[1] 中华人民共和国国务院令第 373 号　特种设备安全监察条例,2003.

[2] ISO 9000 质量管理体系程序文件及质量手册编写实用指南.北京:中国标准出版社,2001.

[3] GB/T19000—2000　质量管理体系——基础和术语.北京:中国标准出版社,2001.

[4] GB/T19001—2000　质量管理体系——要求.北京:中国标准出版社,2001.

[5] GB/T19004—2000　质量管理体系——业绩改进指南.北京:中国标准出版社,2001.

[6] TSG Z7001—2004　特种设备检验检测机构核准规则.北京:中国计量出版社,2005.

[7] TSG Z7002—2004　特种设备检验检测机构鉴定评审细则.北京:中国计量出版社,2005.

[8] TSG Z7003—2004　特种设备检验检测机构质量管理体系要求.北京:中国计量出版社,2005.

[9] TSG R4001—2006　气瓶充装许可规则.北京:中国计量出版社,2006.

[10] 国家质量监督检验疫总局.气瓶安全监察规定.2003.4.

《气瓶检验充装质量手册编制指南》读者意见反馈卡

亲爱的读者,读完本书后,请把您的想法填在本卡上,寄给作者,以便修订再版时使本书内容更完善。谢谢您的合作。

您的个人资料

姓名:_____ 性别:_____

工作单位:_____

通讯地址:_____

联系电话:办公_____ 手机_____

邮政编码:_____

1. 您认为哪些章节编写得好?

2. 您认为哪些章节应做哪些修改?

3. 您对本书的意见和建议。

回函请寄:

河南省郑州市中原中路 152 号河南省锅炉压力容器安全科学检测研究院　张兆杰

邮政编码:450007

联系电话:13703922768　　0371－65928501